AF370836

DE

LA FACILITÉ ET DES AVANTAGES

DE L'INTRODUCTION EN FRANCE DE LA CULTURE EN GRAND

DU COTON, DU CAFÉ,

ET NOTAMMENT

DE LA CANNE A SUCRE,

AINSI QUE DE PLUSIEURS AUTRES PLANTES DES TROPIQUES.

IMPRIMERIE

DE MADAME HUZARD (NÉE VALLAT LA CHAPELLE),

Rue de l'Éperon, n°. 7.

DE

LA FACILITÉ ET DES AVANTAGES

DE L'INTRODUCTION EN FRANCE DE LA CULTURE EN GRAND

DU COTON, DU CAFÉ,

ET NOTAMMENT

DE LA CANNE A SUCRE,

AINSI QUE DE PLUSIEURS AUTRES PLANTES DES TROPIQUES ;

PAR UN PROPRIÉTAIRE FRANÇAIS

QUI A HABITÉ PENDANT DOUZE ANS LES ANTILLES.

> De toutes les plantes cultivées, la canne
> à sucre est la plus robuste, la plus vivace.

Ouvrage dédié à la Société d'Agriculture de Paris.

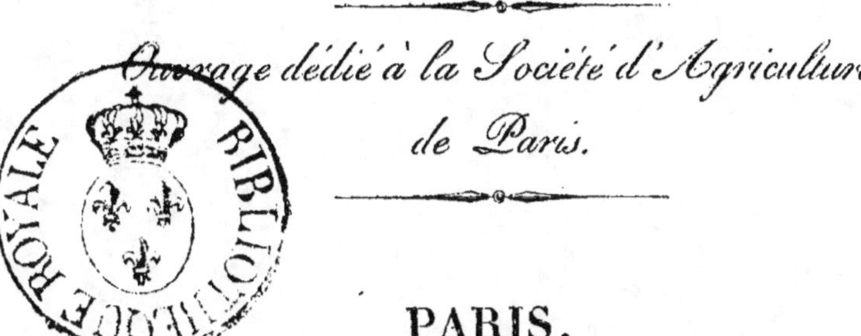

PARIS,

Mᵐᵉ. HUZARD (née VALLAT LA CHAPELLE), LIBRAIRE,
Rue de l'Éperon-Saint-André, n°. 7.

AOUT 1830.

SOMMAIRE.

---

pour donner l'impulsion aux *cultures en grand* des plantes exotiques. — Les plus grandes découvertes dues souvent au hasard. — Pour les propager, il faut des circonstances favorables. — Découverte du cafier. — Le café apporté en France pour la première fois en 1644. — La science nous rend quelquefois trop présomptueux.— Les Sociétés savantes repoussent le projet de Christophe-Colomb, comme le fruit d'un cerveau malade et exalté.

Énumération de plusieurs racines alimentaires des tropiques, d'une *culture encore plus facile et plus avantageuse que celle de la pomme de terre.* — La culture de la *canne à sucre* rendue facile et populaire.— De toutes les plantes cultivées elle est la *plus robuste* et la *plus vivace.* Moyens de la propager. — Ferme expérimentale à établir par le Gouvernement pour les essais de *culture en grand* de plusieurs plantes des Tropiques. — Les particuliers peuvent se livrer à ces mêmes essais sans de grandes dépenses. — Vœux de l'auteur.

Sommaire de l'Appendice.

L'Espagne et l'Italie, trop négligées dans leur agriculture ; la France mérite aussi ce reproche. — Des essais *réitérés de culture en grand* sur des fermes expérimentales produiront seuls des résultats positifs pour assurer la réussite et l'acclimatement des plantes exotiques.

Nouveaux renseignemens sur le sol et le climat des Antilles. — Ces pays sont malsains. — Leurs saisons. — Nomenclature des plantes de France qui y ont été portées. — Leur culture. — Les plantes des Tropiques sont robustes, et telles que la nature les a produites. — La greffe n'y est pas pratiquée. — Le maïs et la pomme de terre réussissent peu aux Antilles. — La végétation y est perpétuelle , mais faible et lente. — La canne à sucre (*plante la plus robuste et la plus vivace*) s'y plante et s'y récolte pendant toute l'année. Ces qualités (*très robuste et très vivace*) assurent sa réussite en France.

Nouvelles preuves des puissans effets de l'*action alternative* de la chaleur solaire et du froid sur la maturité. — Coton du Texas. — Canne à sucre à côtes plus précoce. — Autre genre de supériorité du Nord sur le Midi. — Mines d'or et d'argent de la Russie. — Leurs produits plus avantageux, suivant Humboldt, que celles du Pérou.

AVANT-PROPOS.

Une des grandes erreurs de notre siècle
est de croire notre agriculture déjà par-
venue à un haut degré de perfection,
tandis qu'elle n'est peut-être que dans son
enfance. Nous sommes loin de connaître
le nombre et la variété des productions
que nous pourrions obtenir d'un sol aussi
riche et aussi fécond que l'est celui de la
France. Quoique nous ayons nos mo-
dernes Cincinnatus, et que nous possé-
dions quelques Olivier de Serres, l'agriculture est généralement trop négligée
pour que ces talens trop rares et trop dis-
séminés aient pu, jusqu'à ce jour, lui
faire atteindre le point de perfection au-
quel elle pourrait parvenir ; et cependant cette belle France contient plus
qu'aucun autre État tous les élémens de
la plus haute prospérité. Si des entraves,
des circonstances politiques l'ont retardée
dans la marche progressive de son indus-

trie, enfin rendue à la paix et à une douce liberté, la nation française peut enfanter des prodiges. « En laissant faire les Français, disait un ministre habile, ils parviendraient à convertir les rochers en or. »

Quoique ce soit dans les arts brillans et légers que se développe plus particulièrement son génie, elle peut encore en toutes choses montrer avec orgueil les produits de ses arts, de son industrie. Une mine surtout qu'elle peut exploiter avec le plus grand succès, et qu'elle a peut être trop négligée, c'est son sol, généralement riche et fécond.

« L'or naît dans les sillons qu'enrichit la culture, »

a dit un de nos premiers poëtes. Cette idée n'est point une fiction, et nous ajouterons que de pareilles richesses sont celles qui donnent la force, la vie et le mouvement aux Etats policés, qui en augmentent la population sans crainte pour l'avenir, et qui leur procurent les plus douces comme les plus vraies jouissances. Les autres sources de fortune peuvent-elles nous offrir les mêmes avantages ? Voyez cette population avide traverser les mers pour aller chercher dans des climats lointains, brûlans et pestilentiels des richesses qui presque toujours leur échappent. Si la mort ne les moissonne pas impitoyablement pour les punir de leur avarice, ceux qu'elle épargne, que rapportent-ils le plus souvent pour eux et leurs concitoyens ? De nouveaux alimens à un luxe insatiable, capricieux et enfantin.

Trop d'aberrations nous ont fait abandonner les vraies, les plus solides richesses, et nous ont fait dédaigner des biens réels pour ne nous attacher qu'à des chimères. Depuis la découverte de l'Amérique surtout, nous y avons transporté des hommes et des capitaux, qui, mieux employés sur notre propre sol, auraient suffi pour y faire prospérer la plus grande partie des cultures que nous y entretenons encore à grands frais. Déjà celles du tabac, du maïs, de la pomme de terre, etc., nous en ont été rapportées et prospèrent encore mieux sur notre sol. Sans les préjugés, les erreurs qui nous ont dominés, sans plusieurs circonstances politiques qui n'existent plus actuellement, depuis long-temps nous nous serions approprié la plus grande partie de ses autres cultures avec autant de facilité et d'avantages que nous l'avons fait pour les premières; et cependant, dans l'origine, nous les considérions aussi comme impraticables dans nos climats.

C'est principalement pour détruire ces erreurs et ces préjugés que nous avons entrepris cet ouvrage. Nous allons y démontrer la facilité de l'introduction dans nos climats de la plupart des cultures pratiquées aux Antilles. Ce que nous avancerons à cet égard ne sera d'ailleurs, nous pouvons l'affirmer, que le résultat de la conviction que nous avons pu acquérir sur un pareil sujet, par le séjour prolongé que nous avons fait dans ces pays.

DE
LA FACILITÉ ET DES AVANTAGES

DE L'INTRODUCTION EN FRANCE DE LA CULTURE

EN GRAND

DU COTON, DU CAFÉ,

ET NOTAMMENT

DE

LA CANNE A SUCRE,

AINSI QUE DE PLUSIEURS AUTRES PLANTES DES TROPIQUES.

━━━━━━━━━

De toutes les cultures pratiquées en France, l'introduction de celle de la canne à sucre y serait et la plus facile et la plus avantageuse. La vérité de cette assertion, tout extraordinaire qu'elle paraîtra, est suffisamment démontrée dans cet écrit.

Et alors même que le projet que nous soumettons au public présenterait encore aux yeux de plusieurs personnes quelques difficultés pour son exécution, les notions et les renseignemens que contient ce petit traité seront toujours d'une grande utilité pour assurer de nouveaux progrès à la science agricole et pour augmenter la pros-

périté publique. Heureux si, en fournissant à notre pays le résultat de notre expérience et de nos
observations sur un sujet aussi important , nous
sommes parvenu à mettre un public éclairé sur
la voie de quelques vérités utiles, et à lui donner le goût de les développer et de les approfondir plus que nous n'avons pu le faire.

Depuis bien des siècles, l'Europe se trouve
tributaire d'un grand nombre de productions
qu'elle tire des pays plus méridionaux, tandis
qu'il est certain qu'elle pourrait facilement introduire chez elle la culture de la plus grande
partie de ces mêmes plantes étrangères. Elle
pourrait, nous n'en doutons pas, les acclimater
et se les approprier, comme elle a déjà fait
pour les plus essentielles , le blé, la vigne, la
pomme de terre , etc.

Mais, dira-t-on, chaque plante a son sol, ses
latitudes qu'elle ne saurait dépasser, et la nature a fixé des bornes aux entreprises faites
pour franchir les limites qu'elle a tracées. Cette
objection ou règle générale est susceptible de
tant d'exceptions, qu'elle ne peut être opposée
avec succès, car elle se trouve détruite par
l'expérience des siècles et les traditions les plus
connues. C'est de la partie méridionale de
l'Asie, berceau du genre humain, qu'ont été ap-
portées successivement en Europe, et par l'eu-

tremise d'autres peuples, les cultures des principales plantes alimentaires qui s'y trouvent actuellement. Ces plantes, quoique provenant de pays beaucoup plus chauds, n'y ont pas moins prospéré, et même à l'égard de plusieurs, notamment du blé, y ont mieux réussi que dans leur pays natal.

Chaque jour, sans doute, nous augmentons le nombre de ces plantes utiles ou alimentaires, et la conquête la plus récente, la plus avantageuse que nous ayons faite en ce genre est sans contredit celle de la pomme de terre. Les produits abondans de ce tubercule, sa grande utilité, ont (et nous pouvons l'affirmer sans crainte d'être taxé d'exagération), pour ainsi dire, changé les destinées de l'Europe. Depuis environ trente ans que sa culture, si facile et si assurée, s'est de plus en plus répandue, et s'accroît chaque jour encore davantage, les disettes et les famines, si fréquentes autrefois, deviennent actuellement impossibles; par cette plante nourricière la subsistance des peuples se trouve assurée, et, par suite, leur repos, leur richesse, leur industrie. La population peut augmenter dans une proportion beaucoup plus forte qu'auparavant depuis que nous trouvons dans cette précieuse plante un aliment aussi sain qu'abondant. Qu'on nous pardonne cette courte digression en faveur du plus beau présent que nous ait fait le Nouveau-Monde, et qui seul peut nous indemniser de tous les fléaux qu'il nous a occasionés. Mais si nous avons déjà fait quelques acquisitions précieuses en plantes utiles, n'est-ce pas un motif, un encouragement pour chercher à nous en procurer d'autres? Dans ce genre d'industrie comme dans bien d'autres, ne nous reste-t-il pas un grand nombre de chances de succès? N'y a-t-il pas encore plus à faire que ce qui a déjà été fait? Par quelle fatalité nous arrêterions-nous dans une marche progressive d'acquisitions utiles? Toutes les communications ne sont-elles pas libres? La presse ne nous fournit-elle pas les moyens les plus prompts pour transmettre les découvertes avantageuses? Enfin, les sciences et les arts ne jouissent-ils pas partout d'une haute protection?

Oui, sans doute nous possédons tous ces moyens de perfection et d'avancement, mais nous devons en convenir, une espèce de pyrrhonisme scientifique, de préjugé orgueilleux, nous fait regarder avec une sorte d'insouciance, de dédain tout ce qui sort du cercle brillant, mais souvent étroit, de nos connaissances habituelles. D'un autre côté, accablé sous le poids d'ouvrages trop nombreux, toujours controver-

sés dans les sciences problématiques (et toutes
le sont, à l'exception de celles mathématiques),
le public craint avec raison de s'engager dans
un dédale de systèmes plus ou moins brillans,
mais souvent erronés.

Et particulièrement pour le sujet qui nous
occupe, outre le sourire de dédain que le savant botaniste aura fait à l'inspection seule du
titre, ne se sera-t-il pas encore récrié sur la
présomption, et nous dirons presque l'imperti-
nence qu'il supposera être le partage de l'auteur de cet écrit. Eh quoi! dira-t-il, on vient
hardiment nous entretenir de la possibilité et de
la réussite de la culture de la canne à sucre en
France, et même dans une partie de l'Europe,
tandis que cette plante ne croît que sous le soleil
des tropiques, tandis que les jardins botaniques
sont là pour démentir les visions de l'auteur!
D'ailleurs, s'il est aussi infatué de son système,
que n'a-t-il fait les expériences de la culture dont
il croit à la réussite, il aurait pu acquérir une
parfaite conviction sur un sujet où il ne s'appuie
que sur des hypothèses et des présomptions.

Toutes les fois que l'on présente une idée
qui s'écarte de la routine et des préjugés reçus,
on doit s'attendre à être vivement repoussé par
ceux qui regardent comme chimérique un système, par cela même qu'il est nouveau ; mais il

n'en est pas moins certain que le temps et l'expérience confirment ou détruisent finalement la
réalité de la proposition ainsi avancée. Notre
projet éprouvera le même sort. Si nous avions pu
déjà le confirmer nous-même par l'expérience,
nous nous présenterions avec cette nouvelle
preuve; mais nos idées peuvent sans cela être
justes et fondées; et c'est parce que nous avons la
conviction intime de l'avantage et de la certitude
de notre système, que nous le soumettons au
public. Bientôt, nous n'en doutons pas, des expériences décisives seront faites sur les cultures
que nous proposons, et que douze ans de séjour
aux Antilles, où nous les avons suivies et pratiquées, nous ont déjà mis à même de pouvoir
apprécier et comparer avec les cultures de la
France et son climat. Mais nous ne pouvons
considérer comme des essais suffisans dans ce
genre la culture de quelques plants isolés suivie dans des jardins botaniques : là, plus qu'ailleurs, beaucoup de plantes étrangères y sont
plutôt abâtardies et étiolées, et pour ainsi dire
étouffées sous un vernis scientifique. Les plantes
exotiques, aussi bien que celles de la France
ou de tous autres pays, qui sont *cultivées en
grand*, doivent être étudiées sur les lieux où
ces mêmes cultures sont suivies, et non dans
des jardins botaniques et sur des *plants isolés;*

car, on le demande, si, par exemple, la culture
du blé et de tous ses dérivés, le seigle, l'orge,
l'avoine, etc., n'était pas connue en Europe,
croit-on que quelques uns de leurs plants isolés
qui seraient dans des jardins botaniques pourraient en donner une idée suffisante ? Par ces
plants, pourrait-on concevoir la possibilité de
leur culture en grand, telle qu'elle est pratiquée
sous des zones et des climats si différens et d'une
si grande étendue ? Aurait-on pu croire, naguère, dans le commencement de son introduction en Europe, et par la culture de quelques uns de ses plants dans des jardins botaniques, que la pomme de terre se serait répandue
aussi facilement, aurait donné des produits
aussi abondans, aussi variés et d'une utilité
aussi grande et aussi générale que ceux que l'on
en obtient aujourd'hui ? Qu'on lise les ouvrages
botaniques du temps, qui les premiers ont fait
mention de ce solané, qu'y trouvera-t-on ? Sa
description scientifique, son genre rigoureuse-
ment et méthodiquement classé ; mais rien de
plus. Il a donc fallu d'autres écrits, d'autres
circonstances pour faire connaître son utilité,
la facilité de sa culture, l'abondance de ses produits, etc. ; en un mot, pour la rendre pour
ainsi dire *populaire* et générale comme elle

l'est aujourd'hui. Nous le répétons, on ne saurait s'appuyer sur des cultures de plants isolés suivies dans des jardins botaniques, pour avoir une idée de la culture en grand de quelque plante que ce soit, et des produits plus ou moins avantageux qu'on en peut tirer.

Ce n'est point la seule difficulté qui soit à vaincre, que celle qui naît des préjugés de la science, il en existe encore une qui n'est pas moins grande ni plus difficile à combattre : nous voulons parler de cette objection banale qui devient d'autant plus dangereuse qu'elle paraît présenter, au premier aperçu, une idée juste et insurmontable. Parmi les cultures de plusieurs plantes exotiques, il en est quelques unes qui peuvent s'acclimater, donner leurs produits, etc., nous dira-t-on, telles, par exemple, qu'une espèce de coton cultivée récemment dans le midi de la France; *mais les frais en dépassent de beaucoup les produits :* par conséquent on doit renoncer à un genre de culture qui est plus onéreux que profitable, etc. On lit encore dans le journal français *le Temps,* en date du 7 juillet 1830, « qu'un particulier d'Augsbourg » y a réussi dans la culture du coton; qu'il pa-» raît démontré que cette plante pourrait faci-» lement se cultiver dans le midi de la France;

» mais reste à savoir, ajoute le journaliste,
» *si les frais de cette culture ne dépasseraient*
» *pas les produits*, etc. »

Cette objection serait tout à fait découra-
geante, si en effet elle devait être générale et
ne présentait pas une fausse application. Il est
vrai que très souvent, lorsqu'un particulier se
livre isolément à une culture inconnue et entièrement nouvelle pour le pays et le climat, il
arrive que les frais doivent presque toujours,
dans les commencemens surtout, dépasser les
produits, ou du moins ceux-ci être de beaucoup
inférieurs à ceux auxquels ils pourraient s'élever
par la suite ; mais ceci a lieu pour toutes les
cultures en général. Par exemple, si un pro-
priétaire introduit pour la première fois dans
son département la culture du lin ou du colza,
il est presque certain que ses premiers essais
dans ce genre lui seront plus onéreux que pro-
fitables et que même il pourra abandonner par
la suite ces nouvelles cultures : mais s'ensuivra-
t-il pour cela que le lin et le colza ne puissent
être cultivés avec avantage *en France*? Non
certainement : dans les provinces où cette culture est déjà *ancienne* et *popularisée*, elle se fait
à moins de frais et donne des produits plus
abondans ; et pour rendre nos idées à ce sujet
plus claires et plus précises, nous ajouterons

que pour pouvoir bien connaître les frais et les
produits d'un genre quelconque de culture, il
faut qu'elle ait eu le temps de se répandre et
surtout de se *populariser* ; c'est à dire qu'en
passant entre les mains de la classe nombreuse
et industrieuse des petits propriétaires ou cultivateurs, tous les frais de manutention et autres
en sont sensiblement diminués. D'ailleurs, on
sait que toutes les entreprises nouvelles, de
quelque genre qu'elles soient, offrent toujours,
à leur début, beaucoup plus de frais ; mais si
elles sont utiles, il est évident que la protection
du Gouvernement doit être employée à les soutenir et à les encourager ; et toutes les fois que
l'on peut réunir sur son propre sol les richesses
qui lui sont étrangères et soustraire son pays à
la nécessité d'être tributaire des autres contrées,
on doit s'attendre à une puissante coopération
de la part de ministres aussi sages et éclairés
que le sont actuellement les nôtres.

Sous Henri IV, d'illustre mémoire, pour soustraire la France au tribut qu'elle payait à l'Italie
d'où elle tirait toutes ses soieries, le Gouvernement s'occupa alors activement de donner
des encouragemens pour la plantation des
mûriers et faire élever des vers à soie. De nos
jours, un souverain du Nord vient de former
la même entreprise : c'est ce que nous annonce

(15)

un article du journal français *le Temps,* en date
du 10 juillet 1830, qui dit « qu'il s'est formé à
» Stockholm une Société pour la plantation
» des mûriers et pour élever des vers à soie,
» et qu'à cet effet le Prince Royal a fourni un
» vaste terrain, etc. » Sans doute que cette
Société est composée d'hommes éclairés et amis
de leur pays qui se sont élevés au dessus des
préjugés de ces savans à vues courtes, qui n'auront pas manqué d'objecter la différence des
climats, des latitudes, etc. (1).

---

(1) Les anciens, si éclairés d'ailleurs sous d'autres rap-
ports, et auxquels la plus grande partie du globe était tota-
lement inconnue, avaient aussi les idées les plus fausses sur
ses différens climats. Ils restreignaient extrêmement les
zones habitables. La Zone Torride, selon eux, ne pouvait
être franchie, et ils s'imaginaient que les pays septentrionaux de l'Europe, où nous voyons actuellement prospérer
de grands empires, étaient tout à fait inhabités et entièrement couverts de glaces et de frimas. (On peut voir comment s'expriment à ce sujet Hérodote et Diodore.) Les erreurs grossières qu'ils faisaient sur des points qui leur étaient
inconnus et qu'ils n'avaient pu vérifier ni rectifier, nous les
commettons aujourd'hui à l'égard de la culture de beaucoup
de plantes étrangères, que nous regardons comme impossible
dans nos climats, tandis que l'expérience doit nous prouver par la suite la possibilité et la réussite de la culture en
grand de la plupart d'entre elles, ainsi que les avantages
qu'on en peut retirer.

Il est donc injuste de soutenir, comme le font beaucoup de personnes, que les plantes qui peuvent être cultivées dans un climat ne peuvent pas l'être dans un autre : ce principe général, dont on abuse, reçoit tant d'exceptions dans son application, qu'il faut être très circonspect pour l'opposer.

Lorsque les Gaules étaient incultes et sauvages, la chasse, la pêche, des fruits amers, produits naturels et spontanés du sol, servaient, avec quelques troupeaux, à alimenter ses rares habitans. Presque toutes les productions qui s'y récoltent aujourd'hui lui étaient étrangères. Le blé, la vigne, etc., nous viennent de l'Asie. La culture de plusieurs plantes et de plusieurs arbres nous a été transmise successivement par les Phéniciens, les Égyptiens, les Grecs et les Romains : tel, notamment, le cerisier dont Lucullus fit, dit-on, présent à l'Italie ; le pêcher, l'amandier, etc. Le sol, ensuite défriché, a été peu à peu embelli de productions variées et utiles, dont le nombre augmente chaque jour. Le maïs et la pomme de terre sont des présens récens de l'Amérique ; peu de plantes sont indigènes au sol qui les produit actuellement ; presque toutes ont été appropriées aux besoins de l'homme et au climat qu'il habite. Ses besoins et ses désirs allant toujours en augmentant, il a fallu de nouveaux progrès dans les sciences, de nouvelles combinaisons pour les satisfaire; et nous devons faire des vœux pour que ces progrès et ces combinaisons puissent toujours atteindre ce but sans être obligés d'avoir recours à des moyens injustes et odieux; car que de guerres soutenues, que d'injustices commises pour nous assurer la jouissance de produits lointains, devenus pour nous des objets de première nécessité!

Les observations que nous avons pu faire aux Antilles, pendant un séjour de douze ans, nous ont conduit à acquérir la certitude que les cultures du coton, du cafier et surtout *de la canne à sucre*, ainsi que celles de beaucoup d'autres plantes utiles ou agréables de ces climats, seraient non seulement possibles dans plusieurs parties de la France, mais qu'elles y seraient d'une exécution facile, et y donneraient des produits avantageux.

« Les salines près d'Ajaccio (Corse) sont pro-
» pres à la culture du café et de la canne à sucre;
» c'est une expérience faite, je me proposais
» d'en tirer parti. » Telles sont les paroles d'un homme qui n'est que trop célèbre. (Voyez *Mémoire du docteur François Antomarchi, ou les derniers momens de Napoléon. A Paris, chez Barrois l'aîné, tome Ier., page 133.)

Quant à la canne à sucre, on sait que, dans plusieurs provinces de l'Espagne, sa culture en grand a déjà réussi ; on sait que la Corse et nos provinces méridionales présentent des latitudes et des climats analogues à plusieurs parties de l'Espagne. On sait qu'Olivier de Serres, dans son *Théâtre d'Agriculture*, nous parle de la culture de la canne à sucre telle qu'il la pratiquait au Pradel (1) en Languedoc, lieu de sa résidence, et des bons produits qu'il en retirait (2). Enfin, on ne peut ignorer que

---

(1) Le château du Pradel est situé près de Villeneuve-de-Berg, petite ville du Vivarais en Languedoc.

(2) « La canne à sucre était-elle connue des anciens ? » L'affirmative est prouvée d'après les témoignages de » Théophraste, de Pline, d'Arrien, de Lucain, etc. Ce » roseau est *indigène* en Sicile. Chiariti a publié un res— » crit de l'empereur Frédéric II, qui cède aux Juifs ses » jardins de Palerme pour y cultiver le palmier et la » canne à sucre. Il est question de cette plante dans un » autre rescrit de Charles d'Anjou, Ier. du nom, sous » l'an 1281, etc. » (*Théâtre d'Agriculture* d'Olivier de Serres, publié par la Société du département de la Seine. A Paris, chez Mme. Huzard (1804), 2 volumes.) — (*Essai historique sur l'état de l'agriculture en Europe au seizième siècle ;* par Grégoire, mis en tête de l'ouvrage ci-dessus, tome Ier., page xcij.)

« Quinquéran dit qu'en 1551, les Provençaux tenté—

cette plante, étant annuelle, ne peut être atteinte par des froids peu considérables, et que dans tous les cas il serait facile de l'en préserver. A l'égard du cafier, dans l'état actuel de sa culture, comme il n'est qu'un arbrisseau peu élevé et d'un bois dur et compacte, il serait moins sensible au froid que l'olivier et l'oranger, peut-être même que la vigne.

» rent la culture de la canne à sucre. » (Même *Essai*, page cxlij.)

« Pour faire bonne bouche finalement, dit Olivier de » Serres dans son vieux langage, j'ajouterai à ce roole les » cannes de sucre, afin aussi qu'accouplées avec les oran- » gers et ses compaignons, le jardin soit parfaitement en- » nobli. Cette excellente plante s'est depuis peu d'années » en ça *domestiquée* en Provence, où elle a été apportée » des îles Canaries et de Madère, etc. ». (Même ouvrage, tome II, page 410.)

« L'arbrisseau portant le coton sera ici enroolé. L'isle de » Malte abonde en tel arbrisseau, etc., etc. » (Tome II, page 411.)

C'est ainsi que s'exprimait Olivier de Serres au milieu du seizième siècle, et s'il ne parle pas de la culture du cafier, c'est parce que, de son temps, le café était entièrement inconnu ; car on voit, dans l'*Essai historique* qui sert d'avant-propos à l'ouvrage qui vient d'être cité que « le café » n'a été connu en France qu'en 1644 par des voyageurs » de Marseille, etc. » (*Théâtre d'Agriculture*, tome Ier., page cxxxiv.)

2.

L'expérience d'ailleurs nous prouve que les plantes sont, comme les animaux, susceptibles de s'acclimater, et qu'après un certain laps de temps elles finissent par s'endurcir contre les rigueurs du climat et leur résister.

Tout nous fait présumer, avec juste raison, que le cafier réussirait dans nos provinces méridionales et surtout dans l'île de Corse. Car s'il fallait en juger par analogie, cette plante étant originaire de l'Arabie, c'est à dire d'un climat chaud et sec, doit trouver dans le climat chaud et sec de la Provence et de la Corse tout ce qui pourra contribuer à sa réussite.

Lorsque cet arbuste fut apporté pour la première fois dans les Antilles françaises en 1760 par M. Déclieux, la différence du climat n'était pas, comme on pourrait le croire, entièrement nulle. Le climat est également chaud à la vérité aux Antilles, mais il y est très humide. Les pluies y sont abondantes et fréquentes, ce qui n'a certainement pas lieu en Arabie.

A l'égard de la canne à sucre, par la nature de sa végétation, cette humidité, lorsqu'elle n'est pas excessive, lui est plutôt favorable que nuisible.

Avant de continuer, nous croyons utile de donner en peu de mots une idée de ces cultures. Le cafier, semé en pépinière, se transplante dès la seconde année ; il exige à peu près les mêmes soins et les mêmes sarclages que la vigne ; une fois planté, il peut durer autant qu'elle. Quant à sa récolte et à la préparation qu'exige le café avant d'être livré au commerce, nous n'entrerons dans aucun détail à cet égard, parce que ce serait nous éloigner de notre sujet, et parce qu'il existe sur cette matière des traités étendus.

Le cotonnier est un arbrisseau qui demande peu de culture. Il est annuel, provient non de plants ou de boutures, mais de sa graine semée sur un seul labour ; il se plaît dans les terrains secs, pierreux et calcaires.

La culture de la canne, qui peut avoir lieu dans les terrains de plaine comme dans ceux de coteaux, est cependant généralement plus avantageuse et plus facile dans les premiers, en ce qu'ils sont plus gras et plus humides, et par cela même lui conviennent mieux, et en ce qu'à l'aide de la charrue, dont on peut se servir plus facilement dans la plaine, le travail nécessaire devient beaucoup plus expéditif et moins dispendieux. Cette plante, étant *très robuste* et *très vivace,* demande pour prospérer rapidement un terrain fertile, bien amendé et ameubli. Elle se plante par *boutures* ou *rejetons.* Elle se cultive en rayons et exige jusqu'à sa récolte à peu près les mêmes sarclages et binages que le maïs. Elle présente en quelque sorte l'aspect d'un champ de ce graminée, mais plus épais et plus impénétrable.

Quant à sa récolte et à la fabrication du sucre, il nous suffira de dire que les tiges ou cannes à sucre sont coupées rez terre, et qu'après les avoir effeuillées on les transporte dans des moulins cylindriques destinés à en exprimer le jus. Pour abréger et pour le surplus, on peut consulter les nombreux traités qui existent sur cette matière.

Mais pour répondre plus particulièrement au titre de cet ouvrage, et pour remplir le but principal que nous nous sommes proposé en l'écrivant, nous laisserons de côté les cultures des autres plantes exotiques, pour ne nous occuper que de celle de la canne à sucre.

On concevra facilement que cette plante, ainsi que nous venons de le dire, qui est *robuste* et *vivace*, et qui vient de *bouture* ou *rejeton*, étant plantée, dès le commencement du mois de mars, dans une terre bien ameublie et bien amendée, développera très vite des racines traçantes et nombreuses. Sa végétation, dans ce premier mois, sera, ainsi que pour la plus

grande partie des autres plantes, plus intérieure
qu'extérieure (1). Elle sera donc assez faible à

---

(1) Et que l'on ne pense pas que cette végétation intérieure soit plus ralentie à cette époque et plus faible dans
nos climats que dans des températures plus chaudes, bien
au contraire elle est beaucoup plus forte que dans ces dernières. La raison en est que la chaleur intérieure du globe,
qui cherche à s'échapper, ne peut le faire que plus difficilement, à cause de la température extérieure, qui est plus
froide et qui tient les pores de la terre plus serrés. De là,
ce calorique intérieur, agissant plus long-temps et plus fortement sur les racines des plantes, contribue plus puissamment à leur croissance. Il est bien prouvé que, *dans un
temps donné,* la végétation agit beaucoup plus vigoureuse-
ment et plus rapidement dans le Nord que dans le Midi, et
nous ajouterons avec plus de succès. En effet, les pays du
nord de l'Europe sont ceux où les moissons sont presque
toujours comparativement les plus belles et les plus riches,
et où elles ont parcouru les phases de leur végétation avec
le plus de rapidité et de vigueur; c'est à dire, généralement
parlant, qu'il se fait dans les *zones cultivées* une explosion
de végétation d'autant plus forte et plus prompte que ces
zones sont plus au nord ; ce qui provient, pour ces dernières, de ce que le calorique interne du globe a été d'autant plus comprimé et accumulé par le froid pendant un
plus long temps, sans pouvoir s'échapper ; ensuite ce calorique a dû agir avec force et par un contact immédiat sur
les racines, parties essentielles des plantes, et leur faire
acquérir ce développement si nécessaire à leur végétation
et à la réussite de leur récolte. Il résulte de ces faits que

l'extérieur pendant ce mois, tandis que les racines se seront déjà bien développées ; mais aussi
dans les mois suivans d'avril, mai et juin, les
tiges de la canne pousseront avec d'autant plus
de rapidité qu'ordinairement ces mois sont assez
doux et humides, et que sa végétation sera fortement accélérée par les deux sarclages et le
buttage qui lui seront donnés dans cette pre-

---

plus la végétation des plantes cultivées est prompte et vigoureuse, plus le succès de leur récolte est assuré. **Dans le
Midi**, la végétation commence plus tôt, est quelquefois continuelle, mais moins prompte et moins vive que celle qui a
lieu sous des zones plus tempérées ; car sous les latitudes
où il règne une chaleur constante et humide, les pores de
la terre étant toujours très ouverts, la couche superficielle
et cultivée ne contient point de calorique accumulé comme
dans les pays du Nord, et ne donne souvent, dans le règne
végétal et animal, que des produits beaucoup plus faibles.
Nous devons observer aussi que sous les latitudes où il
règne une forte chaleur, en même temps *sèche* et *électrique* pendant une grande partie de l'année, comme en
Afrique, par exemple, les pores de la terre, par suite de
cette sécheresse et de cette électricité, se trouvent resser-
rés, et ce sol ainsi desséché, n'étant pas trop divisé ni dé-
layé par une humidité surabondante et *continuelle*, doit
donner, dans le règne végétal et animal, des productions
plus fortes et plus robustes que celles des autres latitudes
pareilles, mais *continuellement trop humides :* c'est aussi
ce qui est confirmé par les faits et les observations.

mière période de sa végétation. Comme elle sera cultivée en rayons espacés de deux pieds et demi ou trois pieds environ, ces sarclages et buttages pourront être facilités par le procédé du sarcloir à cheval. Pendant juillet, août et septembre, elle pourra encore recevoir un léger sarclage à la main ou à la houe, et subir l'opération du retranchement d'une partie de ses feuilles et l'étêtage, afin d'en faciliter la maturité. Ce ne serait guère que dans le courant d'octobre, comme cela a lieu pour les vignes, que l'on pourrait en faire la récolte.

Quoique l'on ait déjà songé à la culture de la canne dans les provinces méridionales de la France, et qu'elle se pratique encore en ce moment dans plusieurs parties de l'Espagne, que dès lors on la puisse regarder comme devant infailliblement réussir en Provence ou en Corse, nous sommes persuadé et convaincu, d'après nos observations, que sa culture deviendrait encore plus avantageuse et plus facile dans les autres provinces du Nord, telles que la Flandre, l'Alsace, la Normandie, etc. La plus grande fertilité de ces provinces, ainsi que leur plus forte humidité, seraient beaucoup plus favorables à la végétation de ce *roseau* et à son prompt développement, et il arriverait à cet égard ce qui a déjà eu lieu pour la culture du tabac qui, quoique transporté des Antilles, a plus prospéré dans les départemens du nord que dans ceux du midi (1).

Après avoir présenté sommairement le plan à suivre dans cette culture, on doit observer que, dans l'espace des sept mois que nous venons de mentionner, la canne aura un temps suffisant pour pouvoir parcourir toutes les phases de sa végétation; car 1°. n'ayant été plantée que sur une terre bien ameublie et amendée d'avance, ces préparations ne peuvent que contribuer puissamment à l'accroissement rapide d'une plante *robuste, vivace* et *vigoureuse* (2); 2°. les

---

(1) Généralement, les plantes, comme les hommes, gagnent à être transportées d'un pays plus chaud dans un autre qui l'est moins ; tandis que si c'est du Nord au Midi le contraire a lieu.

(2) Ces dernières qualités de la plante permettent une pareille préparation pour la terre (bien ameublie et fortement amendée), et un genre de culture qui ne pourrait pas avoir lieu avec avantage pour des plantes plus *délicates,* qui, au contraire, en souffriraient, et qui, dans ce cas, souvent ne réussiraient pas. Le blé, par exemple, verserait, pousserait trop en herbe, etc., et la récolte en serait manquée ; mais pour la canne à sucre, qui est *très robuste et très vorace de sucs nourriciers,* il ne saurait jamais y avoir trop d'engrais, trop de binages, ni le moindre inconvénient dans leur emploi.

Il faut remarquer aussi que lorsqu'on se livre à des cul-

sarclages fréquens qui lui seront donnés y con-
tribueront également ; 3°. la plus grande ferti-

---

tures de plantes étrangères au sol et au climat , on ne
doit rien épargner, surtout dans les commencemens , soit
dans le choix de l'exposition du sol , soit dans les travaux
et les amendemens , afin de mieux en assurer la réussite :
d'ailleurs, les produits, étant plus considérables , indemni-
sent au delà du surplus des dépenses. Ce n'est pas que la
culture de la canne ne pourrait réussir (surtout lorsqu'elle
serait devenue plus commune et se serait popularisée)
avec moins de travaux et de fertilité ; mais pour que l'on
puisse de suite bien l'apprécier, il ne faudra rien négliger
dans ce qui pourra en faire connaître tous les avantages ,
car souvent on voit les récoltes des plantes les plus usuelles
ne pas réussir par défaut de soins et d'amendemens ; le blé
même, dans ce dernier cas, donne à peine de quoi indemniser des frais de culture , par suite d'une végétation
maigre et pour ainsi dire avortée. Il y a généralement plus
de bénéfice à donner une plus grande quantité de soins et
d'amendemens aux plantes, qu'à les leur épargner. Si, par
exemple , les frais de culture et d'amendemens d'un arpent
s'élèvent à 40 fr., et que le produit en blé soit de 100 fr. ,
souvent en ajoutant à ces frais 10 fr., ce qui ferait le *quart*
en sus et les porterait à 50 fr., on obtiendrait bien certainement dans ce cas un produit supérieur à ce surcroît de
dépenses ; il suffirait pour cela que , dans notre exemple, la
récolte s'élevât à plus d'un *dixième* en sus ; c'est à dire que
si le blé avait rendu au grain 10, il faudrait qu'il ren-
dît au grain 11 pour qu'il y eût égalité , et au dessus
pour qu'il y eût profit ; et si dans une autre hypothèse,

lité et la plus forte humidité, qui sont l'apanage des départemens du Nord, ne lui seront pas moins favorables ; 4°. enfin, elle sera plus rapprochée des côtes de la mer, où il règne plus habituellement une température basse et humide qui lui convient parfaitement

Tous ces élémens de succès ne se trouveraient pas aussi abondamment dans les zones méridionales ; car, 1°. les terres y sont généralement moins fertiles que celles du Nord (étant privées de l'hiver, qui contribue beaucoup à la fertilité de ces dernières) ; 2°. l'humidité y est moins grande ; 3°. les engrais et les amendemens y sont généralement moins abondans ; 4°. les bras y sont plus rares et la culture moins perfectionnée, etc. Nous ne pousserons pas le parallèle plus loin ; mais on connaît la supériorité que le Nord a sur le Midi, supériorité qui ne peut aller qu'en augmentant (1).

---

pour produire les 100 fr., il n'avait rendu qu'au grain 5, en lui faisant seulement rendre au grain 5 et demi, il aurait payé l'augmentation de dépense et au grain 6 : il y aurait eu déjà bénéfice ; et il en résulterait encore un autre avantage en ce que le succès de la récolte suivante se trouverait aussi plus assuré.

(1) C'est le Nord qui a toujours fourni, par la surabondance de sa population, les nombreuses émigrations qui se sont répandues dans le Midi : c'est de là que sont sorties

Aussi d'après ces faits et ces observations, il ne saurait paraître étonnant que quelques cultures partielles de la canne à sucre aient pu être entreprises sans beaucoup de succès et sans des résultats avantageux dans quelques pays méridionaux de l'Europe, comme en Espagne, par exemple; car ils n'ont pas au même degré de perfection les élémens de réussite qui se rencontrent dans les pays du Nord (1).

---

les phalanges multipliées et guerrières qui ont, à plusieurs reprises, ébranlé l'Empire romain, et qui l'ont enfin fait succomber. C'est encore le Nord qui, sans s'épuiser, a fourni et augmente tous les jours la nouvelle population de l'Amérique, etc., etc.

(1) Souvent on a pu, dans le midi de l'Europe, faire des essais sur certaines plantes des tropiques, dont la végétation se sera trouvée affaiblie, et pour ainsi dire suspendue par l'intensité d'une chaleur sèche trop long-temps prolongée. Par suite, la plante aura langui, et l'essai aura été manqué, tandis qu'il aurait pu parfaitement réussir dans un climat *moins chaud* mais *plus humide* ; sans doute que ce ne sera pas sous ce dernier point de vue qu'on aura envisagé ce défaut de succès. On aura plutôt pensé que le nouveau climat où se faisait l'essai n'était pas encore assez chaud; ce qui ne pouvait être qu'une grande erreur, et qui, seule, devait suffire pour s'opposer à de nouveaux essais dans d'autres lieux plus favorables, et à la propagation de sa culture; et c'est ce qui est en effet arrivé, notamment pour la canne à sucre.

D'ailleurs, la grande facilité qu'a eue l'Europe pour se

Mais, nous dira-t-on, ces élémens, qui sont plus faibles dans les pays méridionaux, ne sont-ils pas plus que compensés par la plus forte chaleur dont ils jouissent, et tout le système établi ci-dessus n'échouera-t-il pas contre le défaut d'une chaleur suffisante? En un mot, les cannes à sucre pourront-elles parvenir à maturité dans la plupart des provinces de la France, et surtout dans les départemens du nord ?

Certes, l'expérience, mieux que tous les raisonnemens, pourra résoudre cette question. Mais si l'on peut d'avance juger par analogie, on se convaincra que la canne à sucre y parviendra à sa maturité. Et d'abord, il ne s'agit pas d'une plante délicate, qui doit produire soit une graine, soit un fruit plus ou moins gros, plus ou moins charnu et aqueux, circonstances qui pourraient s'opposer plus ou moins fortement à sa parfaite maturité : ce n'est qu'une tige haute et forte, il est vrai, mais tendre à peu près comme la tige du maïs et de mêmes grosseur et longueur; quoique d'un genre différent (puisque l'un est

---

procurer abondamment , depuis la découverte de l'Amérique, ce que l'on appelle les denrées coloniales , a dû être encore un obstacle à ce qu'on s'y fût livré avec persévérance aux cultures des plantes qui fournissent ces productions.

un roseau et l'autre un graminée), la canne à sucre a avec la tige du maïs une forte analogie, car elle renferme comme celle-ci un suc, mais beaucoup plus sucré et plus abondant.

La tige du maïs parvient bien facilement à sa maturité, dans un espace ordinairement de moins de quatre mois, et rapporte en outre un épi et souvent deux, longs d'environ 1 pied, d'une circonférence de 4 à 5 pouces, et enveloppés de feuilles nombreuses, etc. Cette plante, ainsi que le nom qui lui est donné dans plusieurs provinces l'indique (blé de Turquie, blé d'Espagne, etc.), est aussi originaire des climats chauds. Ses diverses variétés et sa prompte végétation permettent de la cultiver avec succès dans toute la France; et si sa culture n'a pas encore eu lieu dans quelques provinces du nord, cela ne provient que du défaut d'habitude, de quelques préjugés, etc., qui jusqu'à présent se sont opposés à son introduction dans ces dernières localités.

Et il faut remarquer que le maïs, qui provient de sa *graine*, grosse comme un pois, n'est pas une plante *aussi vivace* ni *aussi robuste* que la canne qui vient de *bouture;* que dans celle-ci, il n'y a ni épi ni grains à mûrir, mais *que toute sa végétation est employée à former sa tige;* et comment cette tige tendre et aqueuse ne parviendrait-elle pas dans nos climats, avec une terre et une culture convenables, au degré de maturité qui lui est nécessaire, tandis que nous voyons pour le bois, les tiges ou pousses de l'année se durcir et parvenir avant l'hiver à leur point de maturité et de perfection ? C'est ce qui a lieu d'une manière bien frappante pour les longs jets sarmenteux de la vigne et pour tous les autres bois ; car si l'on plante, par exemple, une branche de saule dans un terrain convenable, les jets que cette bouture rapportera avant l'hiver parviendront à leur parfaite maturité, quelles que soient leur longueur et leur grosseur ; c'est à dire, en termes d'agriculture, qu'ils s'aoûteront et auront la consistance du bois. Et certes, si le climat seul peut durcir et mûrir des corps qui ont autant de consistance et qui sont dépourvus de toute culture, combien, à plus forte raison, ce même climat pourra-t-il produire d'effet sur des plantes dont la végétation et la maturité seront accélérées par une culture soignée et d'abondans engrais ?

Certaines plantes usuelles sont cultivées dans plusieurs départemens de la France, tandis qu'elles ne le sont pas dans d'autres et y sont aussi inconnues que si elles étaient entièrement étrangères. Il se passera encore un temps assez long avant que le maïs, par exemple, soit connu et cultivé dans les départemens du nord, quoiqu'il pût y prospérer. Les habitudes et les préjugés forment des obstacles souvent insurmontables, et il y a même des latitudes qui n'ont pas été franchies pour de certaines cultures, soit par suite de quelques divisions territoriales, ou de quelques circonstances locales ou politiques. Si la culture du tabac fût toujours demeurée restreinte dans des pays méridionaux, jamais on n'aurait pensé qu'en la transportant dans ceux du nord elle y prospérerait beaucoup mieux. Jamais dans le midi, le chou, par exemple, ne sera d'une culture aussi facile, et n'acquerra un pareil volume que celui qu'il atteint dans les provinces plus fertiles du nord.

Mais nous voyons encore, pour beaucoup de plantes, que la présence *directe* et *immédiate* des rayons solaires n'est point nécessaire pour les faire parvenir à leur maturité. C'est ce qui a lieu notamment pour la carotte, la pomme de terre, la betterave, etc.; et cependant quelles différences frappantes se trouvent dans ces deux dernières productions! Dans l'une, la *pomme de terre,* on trouve, comme dans les céréales, la partie farineuse et amidonée, en un mot sa fécule, comme partie dominante;

tandis que, dans l'autre, la *betterave*, c'est, comme dans la canne, la partie sucrée qui est la plus abondante; et enfin, dans toutes deux, on trouve les parties constituantes et nécessaires pour produire la fermentation spiritueuse.

Tous ces produits ont été cependant accumulés dans *ces racines* sans l'action immédiate du soleil sur elles-mêmes, mais seulement sur leurs tiges extérieures, et ces productions ont acquis leur degré de maturité *sous la terre*, à l'abri du contact des rayons solaires et par une température souvent peu élevée, et qui s'est néanmoins trouvée suffisante et même plus favorable que celle qui aurait été plus chaude. Et pourquoi, le demanderons-nous, une pareille action modérée de la chaleur ne serait-elle pas suffisante pour accumuler dans la canne à sucre, *avec les autres influences atmosphériques et terrestres*, la partie sucrée que l'on en retire ailleurs?

Il ne s'agit point ici, nous le répétons, d'une plante délicate qui rapporte un fruit ou une graine plus ou moins difficile à parvenir à leur maturité, mais bien de la plante qui est peut-être la *moins délicate* et la *plus robuste* de toutes celles connues et cultivées annuellement. Elle acquerra, soyons-en certains, un développement rapide dans un sol fertile et bien cultivé, et sous une température humide et non trop brûlante , si favorable à toute végétation; et quant à sa maturité , elle y parviendra toujours à un *degré suffisant*, surtout par suite de l'effeuillement et de l'étêtage.

Nous avons encore sous nos yeux des exemples bien frappans de la grande activité de la végétation dans nos climats, par plusieurs de leurs productions , telles notamment que les avoines, orges, etc. , qui se sèment au printemps jusqu'au milieu de juin , et qui parcourent toutes les périodes de leur végétation , en moins de trois ou quatre mois. Dans les départemens du nord, on récolte les premières pommes de terre précoces en juin, presqu'au même moment où l'on en plante d'autres, qui s'y récoltent en septembre. Le chanvre souvent ne s'y sème qu'en juin, etc. Enfin le blé noir ou sarrasin, les navets, raves, etc., ont le temps, dans nos climats, d'être semés aussitôt après les moissons , et récoltés avant les froids. Ces exemples nombreux, ainsi que bien d'autres qu'on pourrait encore y ajouter, doivent nous convaincre avec quelle promptitude et quelle force la végétation se fait dans nos climats, ainsi que la facilité avec laquelle ces productions y parviennent à maturité.

En parlant de maturité, il n'est pas inutile

d'observer que ce qui contribue beaucoup à l'accélérer et à la produire, ce sont, avec la chaleur des rayons solaires, les fraîcheurs des nuits, les brouillards, et jusqu'aux gelées blanches ou légères, suivies dans la journée de quelques heures d'un soleil chaud et piquant. Dans ces circonstances, la maturité s'opère promptement et avec force; c'est ce qui a lieu principalement en France, dans la plupart des pays vignobles, pour le raisin blanc, qui n'acquiert ordinairement son plus haut degré de perfection pour la maturité, que lorsqu'il a été soumis à l'action des premières gelées d'automne, qui sont assez légères et appelées gelées blanches. Tant il est vrai que, dans les différens climats, la nature fournit des ressources et des moyens qui paraissent contraires, et qui cependant concourent au même but. Nous avons aussi pu nous convaincre, par nos propres observations aux Antilles, que la maturité pour la canne à sucre, ainsi que pour beaucoup d'autres plantes et fruits, n'acquiert son degré de perfection, notamment que dans les mois de novembre et décembre, époque à laquelle dans ces pays la chaleur a diminué et l'air a pris un peu plus de densité et de ressort.

Le soleil, qui mûrit les *moissons* sous des latitudes et des zones si *différentes*, parviendrait

bien, soyons-en certains, à mûrir aussi facilement et de la même manière d'autres plantes
qui jusqu'à présent n'ont été cultivées que sous
des zones plus chaudes.

Le calorique provenant des rayons solaires,
distribué souvent inégalement, est plus ou moins
intense, plus ou moins sec ou électrique, quoique sous les mêmes latitudes, mais dans différentes parties du globe. Les circonstances locales
influent beaucoup, comme on le sait, dans des
latitudes pareilles, sur les divers degrés de calorique produits par le soleil : le Caraïbe et l'Indien
de l'Amérique sont à peine basanés sous la ligne,
tandis qu'en Afrique la *chaleur sèche* et *électrique* qui y règne y produit le noir éthio-
pien.

L'action du soleil est donc puissamment di-
versifiée, selon qu'il règne, dans les pays qu'il
réchauffe, plus ou moins d'électricité dans
l'atmosphère, plus ou moins d'humidité : son
action éprouve encore beaucoup de modifica-
tions par différentes autres causes, telles notamment que celles provenant, ainsi que nous
l'avons déjà dit, de la grande fraîcheur des nuits
ou des matinées, et qui, agissant sur les plantes
cultivées ainsi que sur leurs graines ou fruits,
les amollit et les rend plus sensibles à l'action
des rayons solaires, qui, venant ensuite à les

frapper, hâtent prodigieusement leur perfection et leur maturité.

D'ailleurs, dans ces mêmes circonstances de gelées blanches, brouillards ou rosées froides qui ont lieu dans nos climats, les rayons solaires acquièrent plus de force et d'activité en passant à travers des milieux qui quelquefois les réunissent ou les reflètent avec force et produisent le même effet que des verres ardens. On a surtout un exemple bien frappant de ces effets dans ce qui se passe, à la suite d'une petite gelée de printemps, sur les jeunes bourgeons de la vigne : les rayons du soleil, venant à frapper ces jeunes pousses chargées de rosée ou gelée blanche, se trouvent acquérir tant de force par la répercussion qu'ils éprouvent, qu'ils brûlent instantanément ce qui faisait l'espérance du cultivateur : ces mêmes bourgeons se trouvent alors tellement desséchés, que si on les froisse dans les mains ils tombent en poussière : tous les cultivateurs ont pu observer ces faits. Mais si à la suite de cette petite gelée le soleil ne paraît pas immédiatement, ou qu'il règne un peu d'agitation dans l'air pour faire disparaître avant sa présence cette rosée blanche, alors il n'arrive aucun accident ; on emploie même pour les prévenir un moyen assez ingénieux, qui consiste à produire près de la vigne une fumée épaisse

avec de la paille ou d'autres matières, de manière à pouvoir intercepter pendant quelque
temps les rayons solaires, jusqu'à ce que cette
gelée blanche ou rosée se soit dissipée en grande
partie.

On peut remarquer que chaque année la température présente en Europe de grandes variations soit en plus, soit en moins de calorique;
c'est à dire que si l'on additionnait pour chaque
année ces différens degrés de calorique, on
trouverait des quantités très inégales. Et cependant, malgré ces différences, généralement et
chaque année les moissons n'en parviennent pas
moins à leur maturité dans le *nord* comme dans
le *midi* de l'Europe : diverses causes physiques
et atmosphériques concourent au même but;
et quoiqu'il soit vrai de dire que la végétation
et la maturité ont pour agent et pour principe
particulièrement le calorique qui émane des
rayons solaires, il n'en est pas moins vrai aussi
que ces mêmes rayons, quoique n'agissant pas
aussi constamment dans les régions cultivées
du nord que dans celles du midi, n'en produisent
pas moins d'effet sur la végétation et la maturité de certaines plantes. Les *alternatives* de
fraîcheur et de *chaleur,* qui sont si fréquentes,
même en été, dans les provinces du nord,
donnent plus d'activité et d'effet aux rayons

solaires ; car, sans ces effets et plusieurs autres dont il sera parlé dans la suite de cet écrit, comment le blé, notamment, pourrait-il parvenir à maturité aussi bien dans le nord de la Suède, par exemple, que sur les côtes de Barbarie en Afrique ?

Sous les tropiques, dans les Antilles, ces *alternatives* de *fraîcheur* et de *chaleur* n'existent pas, ou du moins elles y sont presque insensibles ; la température y est généralement chaude, basse et humide, et d'une uniformité presque toujours aussi constante et invariable que les vents alizés qui y règnent ; les nuits et les rosées n'y sont jamais froides comme en Afrique, sous de pareilles latitudes, parce qu'aux Antilles l'air chaud, mais humide, ayant peu de ressort, étant toujours bas, ne peut pas élever à une assez grande hauteur les vapeurs humides, pour qu'en retombant la nuit elles aient pu acquérir à une élévation suffisante le même degré de froid qu'elles ont en Afrique, où l'air a plus de sécheresse, de ressort et d'électricité, et par conséquent se dilate et s'élève davantage. C'est aussi ce qui explique pourquoi sur les côtes et sur la mer il ne se forme presque jamais de grêle ; l'atmosphère y étant généralement plus basse et plus humide, l'air n'y acquiert jamais le ressort et la dilatation nécessaires pour y élever les parties

aqueuses à des régions assez hautes et assez froides pour qu'elles puissent, comme cela a lieu
ailleurs, s'y convertir en glace. Aussi il ne grêle
jamais sur les côtes de France, soit au nord,
soit au midi.

C'est aussi par suite de cette température
basse et humide, occasionée principalement
par la grande étendue des mers, que toute la
partie de l'Amérique comprise entre les deux
tropiques a dû fournir, ainsi que nous l'avons
déjà dit, des produits entièrement différens
dans le règne végétal et animal de ceux de la
partie de l'Afrique qui est sous les mêmes latitudes. La largeur de ce dernier continent, ses
vastes déserts de sable, etc., ne pouvaient que
produire de grandes différences physiques et atmosphériques, comparativement avec le continent d'Amérique, qui lui ressemble si peu.

Mais pour revenir plus particulièrement aux
Antilles, dont nous avons pu observer pendant
long-temps sur les lieux le sol, le climat et
surtout les cultures que nous nous proposons
d'introduire en France, nous croyons pouvoir
affirmer que l'on a eu jusqu'à présent des idées
très fausses sur le climat, le sol, les lois, usages, etc., de ces contrées. Les rayons solaires y
ont beaucoup moins d'activité et de force qu'on
ne le croit communément. La végétation y est

à la vérité continuelle, mais lente. Le teint soit des Européens ou des Créoles y brunit moins qu'en France, et ce que l'on appelle le *hâle* y est beaucoup moins fort. C'est ce que l'on a pu remarquer facilement sur des soldats cultivateurs qui s'y livrent à des travaux agricoles en plain champ. Les mulâtresses de la seconde ou troisième génération, y sont extrêmement blanches, elles y ont même un teint trop blanc, trop mat. Les dames créoles y ont le teint aussi blanc que celles du nord de l'Europe, etc. (mais pas aussi coloré ni aussi frais).

On a aussi des idées peu exactes sur la grande fertilité qu'on attribue au sol de ces pays. Dans le principe, lorsqu'on l'a défriché et qu'il était recouvert d'une couche végétale de terreau accumulé par les siècles et formé de débris animaux et végétaux, son sol a pu offrir une grande fertilité. Mais un siècle et demi de culture, des pluies fréquentes, etc., l'ont réduit à un état de maigreur qui le rend peu productif et de beaucoup inférieur au sol de nos contrées (1).

D'après ce que nous venons d'exposer, la cul-

______

(1) Sous le rapport des lois, des usages, etc., ces pays sont aussi très peu connus (c'est à dire des lois et usages qui sont la suite de la localité et de l'état d'esclavage). Qui pourrait croire, par exemple, que dans les Antilles françaises, sous l'ancienne législation, comme sous celle qui

ture de plusieurs plantes exotiques et notamment de la canne à sucre, non seulement est

---

vient d'y être envoyée récemment, on ait pu y tolérer un droit aussi monstrueux que celui qu'un *esclave noir* (soit créole, soit africain, qui, par quelque cause que ce soit, viendra d'obtenir sa liberté) a d'acheter et de posséder immédiatement et légalement *un* ou *une* esclave, de quelque âge que ce soit, de *couleur* et de *sang européens ?* C'est cependant ce qui a lieu, et l'on peut y voir le noir et féroce Africain, esclave la veille et devenu libre le lendemain, torturer une jeune victime parfaitement blanche et de sang européen, devenue alors son esclave, et cela pour se venger, à son tour, des coups de fouet que naguère il aurait pu recevoir. Qui pourrait croire encore que les *nombreux enfans* qu'ont dans ces pays les Européens avec des esclaves noires, mulâtresses ou métives soient esclaves eux-mêmes (suivant, d'après les lois, la condition de leurs mères), et comme tels vendus sans aucune distinction de leur origine, soit par leurs pères eux-mêmes, soit par les héritiers ou créanciers de la succession, etc., et cependant ces mêmes enfans sont souvent plus blancs que leurs pères européens (ce qui arrive toujours par le croisement des races dès la troisième génération)? Ces abus, tout monstrueux qu'ils sont, demeurent inaperçus aux colonies et en France, et n'y ont pas fait jusqu'à ce jour la moindre sensation. Nous sommes peut-être les premiers qui en aient fait mention, et nous pensons qu'il n'est pas douteux que si déjà des ministres aussi éclairés que ceux qui sont auprès de Sa Majesté avaient eu connaissance de pareilles monstruosités, ils les auraient fait cesser par une législation plus

possible en France, mais elle y sera encore facile et avantageuse : facile, du moins en ce sens
qu'elle n'exigera pas autant de travail que dans
nos colonies, où il lui faut plus de soins et de
dépenses qu'il ne serait nécessaire de lui en
donner dans nos provinces. Pour expliquer ceci,
il suffit d'observer qu'en France les moyens et
les travaux résultant de l'emploi des hommes,
des animaux, des matières premières, des usines, etc., sont bien plus simples et plus avantageux que dans les colonies.

Dans ces derniers établissemens, il faut tout
tirer à grands frais du dehors : *hommes, animaux, matières premières* ou *fabriquées, etc.*,
et jusqu'au moindre clou, puisque rien absolu-
ment rien ne s'y fabrique. En France, ces
mêmes inconvéniens n'existeraient pas, ainsi
que beaucoup d'autres qu'il serait trop long d'é-

---

conforme à nos mœurs, à notre religion, nous dirons plus,
à l'humanité.

Nous devons terminer une note déjà trop longue sur un
sujet qui, pour être bien traité, exigerait un volume tout
entier (*).

(*) Cependant, nous ne pouvons nous empêcher de faire encore
remarquer que, dans ces pays, la classe du *sang mêlé* étant la
plus nombreuse, il y existe par conséquent un plus grand nombre
d'esclaves de *sang mêlé* ou *européen* que de *sang africain* : de
sorte que c'est réellement sur la race européenne que pèse le plus
le joug de l'esclavage.

numérer, tels principalement la grande insalu-
brité du climat et les mortalités continuelles sur
les hommes et les animaux qui en sont la suite.
Les empoisonnemens, dévastations, révoltes auxquels se livrent les esclaves, etc. , etc. ; les per-
tes qui en résultent pour les propriétaires font
qu'en définitive il n'y a point de pays où les
frais de culture soient aussi dispendieux. Quant
aux dépenses nécessaires pour la construction
des bâtimens et moulins nécessaires pour la fabrication du sucre de canne, elles ne seraient
guère plus fortes que celles qui ont lieu pour
l'établissement des usines destinées à faire le
vin et à distiller les eaux-de-vie.

D'un autre côté, le sol de nos colonies se
trouve actuellement tellement épuisé et si peu
fertile, que les propriétaires sont obligés d'employer une grande partie de leurs moyens pour
se procurer des engrais artificiels, soit par les
boues de mer qu'ils font extraire et ensuite
transporter à grands frais sur leurs terres, soit
par tous autres moyens ou procédés toujours
très dispendieux (1); car il y a peu de pays où
la main-d'œuvre revienne plus cher, et on est
obligé d'employer des sommes considérables

____

(1) On a vu des habitans se faire expédier de la poudrette
de France pour des sommes considérables, afin de l'employer comme engrais.

pour réparer les besoins et l'épuisement des
terres ; épuisement bien connu et dont la prin-
cipale cause provient des pluies trop abondantes
et trop fréquentes de cette partie du globe.
Ces pluies, par suite de la culture, entraînent
plus facilement les sels et les parties végétales
de la terre, la refroidissent considérablement
et réduisent à un état de faiblesse et de langueur
une végétation qui, dans son principe, était
riche et vigoureuse.

D'ailleurs, sous un autre point de vue, ces
établissemens sont pour la France d'une conservation dispendieuse et précaire. L'abolition
de la traite et la dépopulation qui s'en suivra
les rendront tout à fait inutiles et onéreux. Ces
motifs seuls devraient déterminer la métropole
à chercher tous les moyens possibles pour pouvoir se passer des colonies et se suffire à elle-
même. Dans un temps, la France avait conçu
le projet, lors de ses dernières entreprises sur
l'Égypte, d'établir dans cette partie du monde
les cultures de ses colonies avec lesquelles toutes
communications se trouvaient alors interrom-
pues. Mais la position de l'Égypte, même après
sa conquête, eût encore présenté plus d'inconvéniens que celle de nos anciens établissemens d'outre-mer, et la possession de ce pays
mahométan eût été encore plus précaire et d'une

conservation plus difficile et plus dispendieuse
que celle de nos premières colonies (1).

Il n'existe donc qu'un moyen pour éviter tous
ces inconvéniens, qui est celui que nous proposons. Son emploi assurerait à la France, sans
aucun risque ni dépense, des produits aussi

---

(1) Trois grands fléaux ont successivement affligé l'espèce
humaine : les croisades et les guerres de religion, le ser-
vage et la féodalité, et en dernier lieu, et encore actuellement, la manie d'avoir des colonies qui ne ressemblent
en rien à celles qu'établissaient les anciens. Cette manie a
coûté et coûtera encore cher à l'Europe, et les Puissances
qui ont été les plus excentriques en ce genre nous prouvent
tous les jours cette vérité. Tôt ou tard, cette excentricité
disproportionnée entraîne des séparations et des déchire-
mens plus ou moins violens, plus ou moins désavantageux.
Voyez la Hollande, l'Espagne, etc.)

Ces vérités générales, dans leurs applications particulières et pour ce qui concerne la France, sont encore plus
frappantes dans leurs résultats, et bien loin de regretter la
perte récente d'une de nos colonies (Saint-Domingue),
nous devons nous féliciter de ce qu'un des gouffres qui a
déjà et qui aurait encore englouti tant d'hommes et de
capitaux se trouve fermé.

D'ailleurs, si l'on examine la question sous un autre point
de vue, on verrait que le commerce américain ou des
États-Unis, dont on ne peut se passer, et qui fournit la
plus grande partie des objets nécessaires à nos colonies, est
celui qui en retire les plus grands bénéfices, et que toutes
les charges demeurent seules à la France.

avantageux que le café, le coton, le sucre et même beaucoup d'autres plantes utiles.

Lorsque la culture du café et du coton commencerait à se populariser, elle trouverait bientôt tous ses élémens de succès dans la plupart de nos pays vignobles, où l'on se livre avec tant de soins et de travaux à une culture souvent pénible, minutieuse et d'un produit incertain, tandis que la canne à sucre trouverait encore mieux ses élémens de réussite dans les pays fertiles et de grande culture de nos provinces du nord.

Les départemens méridionaux peuvent être considérés en quelque sorte comme les jardins de la France. Il serait à souhaiter que leurs productions fussent, autant que possible, entièrement différentes de celles des autres provinces. Avec leurs vins, leurs eaux-de-vie, leurs huiles d'olives, etc., leurs soieries, etc., ils auront toujours de quoi se procurer les blés, les légumes et les fourrages, qui y sont moins abondans et qui, au contraire, sont les productions principales du reste de la France. Plus il existe dans un État d'objets et de moyens d'échange entre ses différentes provinces, plus le commerce intérieur en est actif et se développe, et plus sa prospérité augmente. Ces vérités sont de tous les temps et de tous les lieux.

Comme la plus grande objection qui pourra
être faite contre les cultures que nous proposons proviendra de la supposition du défaut de
maturité, à cause de l'insuffisance de la chaleur
de notre climat, comparée à celle des zones des
tropiques, nous croyons devoir encore présenter quelques nouvelles observations et quelques
nouveaux faits pour prouver que la nature a
plusieurs moyens pour parvenir à ses fins, et
que lorsque nous savons la seconder, l'étudier,
cette mère commune nous comble de ses fa-
veurs. A la vérité, elle a ses secrets, ses écarts;
mais il faut savoir l'observer, et les plantes
exotiques doivent être étudiées sur leur lieu
natal, en quelque sorte comme les mœurs des
nations.

En effet, indépendamment de la chaleur solaire, il existe encore, ainsi que nous l'avons
déjà dit, un autre calorique qui provient de
l'intérieur du globe, et qui joue un grand rôle
dans les phénomènes de la végétation. Ce calorique, comme on le sait, agit fortement sous
la neige dans les pays septentrionaux, parce
qu'il y est long-temps comprimé et accumulé
en plus grande quantité; ce qui lui donne plus
de force et plus d'action au moment où il peut
s'échapper. Cette époque arrive ordinairement,
dans les latitudes septentrionales, en avril ou

mai. On a également reconnu que le blé, ainsi que beaucoup d'autres plantes, poussent avec assez de force et d'activité sous la neige. Cependant, dans ce cas, ce blé est privé d'air, de lumière, enfin du *calorique extérieur* ou celui qui émane du soleil. Qui peut donc ainsi hâter et développer sa végétation, si ce n'est le calorique intérieur du globe, qui, trop accumulé, trouve une issue pour s'échapper par les pores de la terre, qui n'est ni durcie ni gelée sous la couche épaisse de neige qui la couvre? On sait aussi que, pour se mettre à l'abri du froid, les habitans du Nord s'enfoncent sous la neige, et que plus les couches de neige sous lesquelles ils se retirent sont rapprochées de la terre, moins ils ont froid.

Peut-être faut-il encore ajouter à ce calorique l'action des fluides magnétique et électrique dont les pôles sont le grand réservoir. Ces fluides ne proviendraient-ils pas du centre du globe? et tendant sans cesse à s'en échapper comme le calorique, ils trouvent une issue plus prompte, moins longue et par conséquent plus facile aux pôles, qui sont plus aplatis et plus rapprochés du centre qu'à l'équateur, où la terre est beaucoup plus renflée et plus élevée. Par suite, ce calorique et les autres fluides se trouvent réunis en plus grande masse aux pôles et sont susceptibles de plus grands efforts et des effets plus marqués, ce qui a lieu effectivement; et la différence qui doit exister entre les effets que peuvent produire les divers fluides, soit aux pôles, soit à l'équateur, sera d'autant plus considérable que, dans ces deux points, le globe aura une conformation plus opposée. Dans l'un (aux pôles), aplatissement, rapprochement du centre et espace plus borné, plus circonscrit. Dans l'autre, à l'équateur, renflement du globe, plus grand éloignement du centre, grands cercles et espace beaucoup plus considérable, de sorte que l'on peut donner un exemple de cette différence et même la soumettre au calcul par une figure géométrique. Aussi les oscillations du pendule, la pesanteur spécifique des corps diffèrent-elles sensiblement aux pôles et à l'équateur. Cette différence peut donner la mesure de la plus ou moins grande quantité des fluides et de leur action plus ou moins forte dans ces deux points du globe.

Ceux qui ont visité les mines de fer et d'aimant du nord de la Suède et de la Russie, c'est à dire aux pôles, ont remarqué que l'action attractive de l'aimant ou du fluide magnétique était beaucoup plus forte dans ces lieux sur une pierre quelconque d'aimant, que lorsqu'on la transportait dans d'autres parties plus éloignées et plus méridionales du globe. Le déplacement affaiblit considérablement son action , parce que le fluide magnétique qui s'échappe du centre s'accumule continuellement dans ces mines, ou tout au moins y agit fortement en les traversant pour gagner la circonférence du globe , et de là la partie atmosphérique : de sorte que l'on peut penser que le fluide magnétique, en partant du centre du globe pour se rendre à sa circonférence , suit des courans ou des routes fixes, et que ces courans forment les mines ou veines du métal imprégné de ce fluide, qui lui communique ses propriétés.

Quoi qu'il en soit de ces observations et de ces conjectures sur un point aussi délicat de la science, il n'en est pas moins vrai que la nature, qui ne fait rien en vain ni d'inutile, pour dédommager ces climats, qui n'ont pas assez de calorique extérieur ou de celui qui émane du soleil, les a pourvus d'une plus grande quantité de calorique intérieur et de fluide électrique et magnétique, qui s'échappant sans cesse du globe , surtout dans les profondeurs des mers boréales, y produit une chaleur vivifiante et propre à favoriser le développement et l'accroissement des poissons les plus gros et les plus abondans, qui fourmillent dans ces parages , et y présentent comme un réservoir inépuisable, où tous les peuples de la terre vont s'approvisionner. Car on ne peut douter que le fond de ces mers, ainsi que leurs côtes ne soient tapissés d'une végétation riche et vigoureuse propre à la nourriture de la quantité extraordinaire des poissons qui s'y trouvent. Cette végétation sous-marine est d'autant plus probable dans ces parages, qu'outre les causes que nous venons de donner, il en existe encore une autre dans la congélation superficielle, ou tout au moins le refroidissement prolongé de la surface de ces mers, qui s'oppose à l'évaporation du calorique intérieur du globe ; et ce calorique ainsi accumulé, comme nous l'avons déjà dit , se distribue dans le fond de ces mers pour y favoriser la croissance de la grande quantité des plantes marines nécessaires à la nourriture de leurs nombreux poissons (1).

------

(1) On a proposé, depuis quelque temps, d'établir des jardins d'hiver, au moyen de plusieurs puits artésiens qui fourniraient un volume d'eau recueillie dans des bassins, et en quantité suffisante pour y entretenir une température douce et uniforme. Ces projets, dont l'exécution est très praticable et rendue facile par l'usage des galeries vitrées. reposent sur ce principe de l'émanation du calorique provenant de l'intérieur du globe, dont l'eau des puits artésiens, tirée de grandes profondeurs, se trouve pénétrée ; car cette eau est toujours à une température de sept à huit degrés au

Toutes ces observations, ainsi que l'expérience des siècles, nous prouvent que la nature emploie différens moyens pour parvenir au même but, et qu'il n'est pas étonnant que la plus grande partie des plantes utiles et cultivées que nous possédons aujourd'hui aient pu être successivement tirées des pays méridionaux, pour être importées et acclimatées dans nos contrées, où leur culture a été plus perfectionnée, et a souvent mieux réussi que dans leur terre primitive. Ces premiers progrès dans cette partie de nos connaissances doivent nous convaincre que de nouveaux essais peuvent être tentés avec succès, et produire bientôt pour nous les résultats les plus avantageux.

Mais ces essais, pourra-t-on objecter, n'ont-

---

dessus de o du thermomètre de Réaumur. D'après ces faits, on a pu calculer la quantité de mètres cubes de cette eau nécessaire pour maintenir, par l'évaporation de son calorique, telle autre quantité de mètres cubes d'air à une température douce et favorable à la végétation.

Nous n'avons rapporté ce fait que pour donner une nouvelle idée de la quantité de calorique qui peut provenir de l'intérieur du globe, et nous croyons pouvoir ajouter que lors même que les puits forés à de grandes profondeurs ne feraient pas jaillir d'eau, ils pourraient encore servir, au moyen de leurs tubes, de conducteurs du calorique qui émane de l'intérieur du globe. (Voy. l'*Appendice*, p. 85.)

ils pas lieu depuis l'établissement des jardins botaniques, des sociétés savantes, etc., et ce sont
ces mêmes établissemens qui, selon nous, rendent souvent la science stationnaire. Nous ne
prétendons point les attaquer ni les blâmer;
mais qui ne sait pas que cette maxime, *le maître
l'a dit*, tue le génie? Quelquefois aussi, la présomption que nous avons de croire que nous
pourrons puiser dans nos livres *seuls* tous nos
moyens d'instruction, est un obstacle à ce que
nous fassions de nouveaux progrès dans les
sciences. C'est dans le grand livre de la nature
qu'il faut savoir lire, c'est surtout lui qu'il
faut savoir consulter. N'est-ce pas lui seul qui
inspira Homère, qui guida le pinceau, le ciseau
des anciens? C'est lui qui leur inspira la majesté
et la grandeur qu'ils ont su donner à leurs mo-
numens, grandeur que nous ne pouvons égaler.
C'est lui enfin qui, de nos jours, peut seul élever le génie de nos poëtes, de nos artistes (1).

Pour innover, pour ne pas se traîner dans le
sentier de la routine, et quelquefois des préjugés, dans quelque partie que ce soit des connaissances humaines, il faut un esprit un peu

______

(1) Une pomme tombe, et Newton crée son immortel
système de l'attraction. Tout s'agrandit sous les concep-
tions du génie.

hardi et surtout des circonstances favorables. Depuis long-temps, on connaît en physique la force prodigieuse de la vapeur ; des circonstances favorables ont dû contribuer plus que toute autre cause au développement qu'on a donné actuellement à ce principe moteur. Car on concevra sans peine que, sous une civilisation peu avancée, le mécanicien et le physicien, quelque habiles qu'ils fussent, auraient été forcés de renoncer à en faire une application aussi commune que celle qui en a lieu aujourd'hui. Il en est de même pour beaucoup d'entreprises des hommes. Elles doivent souvent leur succès ou leur découverte plutôt au hasard et à des circonstances favorables qu'à la science. A qui devons-nous, selon la tradition, la connaissance et l'usage du café ? A un simple pâtre de l'Arabie, qui remarqua, le premier, l'effet stimulant produit sur ses chèvres lorsqu'elles se nourrissaient de cet arbuste et de ses fruits (1).

---

(1) Quoique ce ne soit que depuis 1644 que le café ait été connu et apporté en France, il y a aussitôt été recherché et apprécié, et quoi qu'en ait dit madame de Sévigné, son usage, depuis cette époque, bien loin de se perdre, n'a fait qu'augmenter, puisqu'il est devenu, ainsi que celui du sucre, un besoin pour l'Europe, disons mieux, pour la plus grande partie de la terre.

Le thé, aujourd'hui d'un usage universel, lorsqu'il fut

Nous le répétons, la science nous rend quelquefois trop confians dans nos propres forces, et fait que nous regardons comme impossible la réussite de nouveaux essais qui pourraient la faire avancer. Croit-on, lorsque Christophe Colomb proposa à plusieurs souverains son projet pour la découverte du Nouveau-Monde, que les Sociétés savantes de l'Europe l'encouragèrent ou l'accueillirent comme très sensé et d'une réussite probable? L'histoire nous apprend qu'au contraire elles le repoussèrent et le considérèrent comme le fruit d'un cerveau malade et exalté.

Convenons donc qu'il y a souvent plus d'orgueil et de présomption à croire, dans les sciences, à l'impossibilité plutôt qu'à la possibilité de certains résultats ; car qui oserait croire pouvoir assigner des limites au génie de l'homme, au génie, émanation de la Divinité et infinie comme elle? Songeons que la culture de la pomme de terre, actuellement la plus populaire, la plus répandue, ainsi que la plus facile et la plus avantageuse, etc., était encore, il y a peu de temps, restreinte dans les

---

importé pour la première fois en Angleterre, il y a à peu près un siècle et demi, fut servi comme un plat d'épinards par le cuisinier d'un lord, qui en ignorait entièrement l'usage.

jardins, comme celle d'une plante trop délicate. Songeons encore, ce dont nous sommes bien loin de nous douter, qu'il existe plusieurs autres plantes ou racines alimentaires qui seraient au moins aussi utiles et aussi avantageuses que la pomme de terre, et d'une culture aussi facile dans nos climats.

Parmi elles, nous citerons, 1°. l'igname, racine d'une qualité supérieure à la pomme de terre, et qui parvient souvent à une grosseur prodigieuse du poids de quinze à vingt livres : cette racine comprend plusieurs variétés ; 2°. la patate, douce et sucrée, dont les produits sont aussi faciles, aussi abondans que variés, et ne demandent que trois mois de végétation ; 3°. la racine appelée *madère* ; 4°. la racine si connue et si vantée du *manioc*, etc., etc. Toutes ces plantes parcourraient en France les phases de leur végétation en moins de quatre à cinq mois; d'ailleurs, la diversité des cultures, des terrains, des expositions , etc., aurait bientôt produit pour ces plantes, comme cela a déjà eu lieu pour la pomme de terre, des variétés sans nombre. La *canne à sucre* fournirait aussi ses variétés : celle qui est cultivée aujourd'hui aux Antilles n'est plus la même que celle qui y existait il y a seulement vingt-cinq ans. C'est la canne d'Otaïti, dont la culture plus avantageuse, comme une fois plus grosse que celle qu'elle a remplacée, qui a prévalu.

Sans doute que dans le nombre d'innovations ou de projets proposés, il en est qui sont chimériques et dont l'exécution est impossible et présente des obstacles et des dépenses premières qui en rendent les résultats trop incertains ou trop désavantageux. Souvent ils ne sont que les rêves d'un homme de bien ; quelques uns, faux, mais brillans, ne présentent qu'un appât de la part de ceux qui les proposent pour s'enrichir au détriment de ceux qui voudraient concourir à leur exécution ; mais le projet actuel, que nous soumettons d'ailleurs à l'examen du public, ne présente aucun de ces inconvéniens. Le talent de ceux que leur position élevée dans la société et leurs connaissances mettent à même de pouvoir accueillir ou rejeter les projets qui leur sont proposés dans des vues d'utilité générale, consiste donc non seulement à savoir apprécier leur plus ou moins de mérite, mais encore à savoir se tenir en garde contre un excès de présomption ou de défiance, qui les conduirait à ne pas vouloir reconnaître la grandeur des moyens que la nature a mis au pouvoir de l'homme.

Nous croyons pouvoir l'affirmer sans crainte de nous tromper, si la culture de la canne à sucre n'a pas encore eu lieu en France et n'y est pas devenue en quelque sorte *populaire,* c'est qu'il ne s'est trouvé personne d'assez entreprenant pour la commencer et donner l'impulsion; mais tout nous fait espérer que ce qui n'a pas encore eu lieu à cet égard jusqu'à ce jour sera bientôt exécuté par la suite, surtout à une époque où, comme la nôtre, toutes les industries sont libres, les capitaux abondans, les arts perfectionnés, les préjugés diminués, etc.

D'ailleurs, sous un Gouvernement éminemment protecteur de nos libertés, si disposé à encourager les arts et à augmenter la félicité publique, et sous des ministres qui sauront si bien le seconder, l'auguste Prince qui en est le chef saisira avec empressement, nous n'en doutons pas, les moyens de procurer à la France une nouvelle source d'industrie, qui lui assurera des avantages d'autant plus précieux, qu'ils ne seront achetés par aucun inconvénient ni aucun sacrifice.

L'établissement d'une ferme expérimentale, destinée principalement à la culture en grand des plantes exotiques, suffirait pour assurer le succès de ces nouveaux essais, et les répandre ensuite dans le public. De simples particuliers pourraient même les tenter sans de grandes dépenses, en y consacrant quelques arpens sur une de leurs exploitations, sauf à former ensuite, en cas de réussite, de plus grands établissemens. Ceux surtout qui se livrent à la culture et à la fabrication du sucre de betteraves pourront très facilement et sans dépenses consacrer comme essais une partie de leur terrain, pour l'employer à la culture de la canne à sucre; et l'expérience nous apprendrait bientôt que beaucoup de plantes exotiques pourraient être facilement naturalisées et cultivées en grand, sans avoir besoin, comme on se l'imagine, du secours d'une chaleur artificielle. On pourrait alors éviter de renfermer dans des serres des plantes qui, par suite de ce procédé, deviennent faibles et languissantes, tandis qu'elles doivent acquérir, en plain champ et dans des expositions favorables, une vigueur et une force suffisantes pour parcourir les phases de leur végétation et donner leurs produits. Ne voyons-nous pas tous les jours avec combien de facilité certaines plantes se naturalisent, et, passant de climats en climats, y croissent par la suite souvent mieux que dans leur pays natal; et nous pouvons assurer que les connaissances particulières que nous avions de l'agriculture de la France, et celles que nous avons pu acquérir depuis sur celle des Antilles pendant un séjour

de douze ans que nous y avons fait, nous ont
mis à même d'établir des comparaisons et d'en
tirer les conséquences les plus favorables au système que nous présentons.

Il ne serait donc pas difficile d'acquérir la
certitude de la naturalisation du cafier dans la
plus grande partie de nos provinces méridionales. Quant à celle du coton et de la canne à
sucre, elle est certaine et ne peut souffrir aucun doute. Combien de moyens de prospérité
découleraient de ces nouvelles branches d'industrie! La fabrication du rhum et des sirops
provenant de la canne à sucre fournirait, à elle
seule, des bénéfices immenses. Nous n'aurions
rien à envier à l'étranger, et concentrant nos
produits et nos richesses les plus importantes
sur notre propre sol, nous les mettrions ainsi
à l'abri des chances trop fréquentes et trop dé-
sastreuses qui les frappent lorsqu'elles en sont
éloignées; le domaine de notre industrie s'ac-
croîtrait d'autant plus rapidement, que toutes
les chances favorables pour sa prospérité se
trouveraient réunies, surtout à une époque où,
comme la nôtre, chaque jour amènera la créa-
tion de nouvelles routes, de nouveaux canaux
et de nouveaux moyens prompts et ingénieux
pour faciliter nos communications : moyens
dont l'augmentation est devenue nécessaire

dans l'état actuel de notre commerce, de notre civilisation, et qui sont réclamés par les besoins d'une population devenue plus nombreuse et plus active.

Rien ne serait donc plus facile au Gouvernement que d'établir une ferme expérimentale, ou du moins de consacrer dans une des fermes de cette nature une partie du terrain, qui serait destinée principalement à la culture du coton, du cafier et de la canne à sucre. Cette ferme servirait d'exemple et d'encouragement aux propriétaires qui voudraient entreprendre ces cultures, et qui y trouveraient les plants qu'ils ne pourraient souvent se procurer ailleurs. Le Gouvernement, en accordant en outre des primes et des récompenses à ces propriétaires, obtiendrait bientôt les résultats les plus positifs et les plus avantageux. Cette ferme ne serait pas bornée exclusivement à la culture du cafier et de la canne à sucre. On y joindrait encore celle de plusieurs autres plantes étrangères, et parmi celles des tropiques les plants si variés des arbres fruitiers et d'agrément des Indes occidentales et orientales, dont la majeure partie pourrait se naturaliser facilement. Le cannelier et le giroflier, si long-temps possédés exclusivement par les Hollandais, n'y seraient pas oubliés, ainsi que les différentes

espèces de cotonnier, cacaotier, etc. On y ajou-
terait encore une foule de plantes et de racines
alimentaires dont la réussite, comme celle du
maïs et de la pomme de terre, serait assurée,
puisqu'il ne faut à la plupart que quatre à cinq
mois de végétation pour donner leurs produits.

Un semblable établissement serait donc d'un
haut intérêt et d'une grande utilité; et il ap-
partient à la France plus qu'à toute autre nation d'élever, la première, à sa gloire un pareil monument.

Puissions-nous avoir le bonheur de voir se
réaliser les projets que nous venons de propo-
ser! Puissent notre auguste monarque et ses
ministres avoir la gloire de les faire réussir!
Nous nous estimerions heureux d'avoir contri-
bué, par cet écrit, autant qu'il était en notre
pouvoir, à la prospérité de notre pays, seul but
que nous avons désiré pouvoir atteindre.

APPENDICE.

Nous avons dit que des circonstances locales
et politiques se sont opposées jusqu'à ce jour à
l'introduction en Europe de la plus grande partie des cultures pratiquées, nous ne dirons pas
dans telle ou telle autre partie du globe, mais
bien dans le surplus du globe, c'est à dire dans
toutes les autres parties du monde connu ; car,

sans ces circonstances, et quelques autres provenant soit de notre ignorance, soit de notre
insouciance, il est évident que l'Europe réunit
un assez grand nombre de latitudes et de climats différens, pour avoir tous les moyens,
toutes les facilités nécessaires pour parvenir à
s'approprier toutes les autres cultures de l'uni-
vers sur son propre sol, ou tout au moins pour
en connaître les résultats, les avantages ou les
inconvéniens, aussi bien que pour les cultures
qu'elle possède déjà, et qui lui sont les plus
usuelles et les plus familières.

En effet, au sud de l'Europe, l'Italie et l'Espagne présentent des localités assez chaudes,
assez méridionales pour qu'on eût pu, depuis
long-temps, y faire avec facilité l'introduction
et l'essai de toutes les cultures qui se pratiquent
entre les deux tropiques. Les Indes orientales
et occidentales fourniraient pour ces essais une
variété immense de productions aussi utiles
qu'agréables; et particulièrement on eût pu
tirer de la Chine, empire le plus anciennement
civilisé, une foule de végétaux qui nous sont
encore inconnus, et que l'antiquité de ces peuples, leurs besoins, leur vénération pour l'a-
griculture et les connaissances étendues qu'ils
ont dans cette science leur ont fait multiplier et

diversifier à l'infini (1). La France aurait eu la facilité de tirer ensuite de l'Espagne et de l'Italie ces mêmes cultures, pour les propager chez elle, en faire des essais multipliés et suffisans pour en reconnaître parfaitement les avantages ou les inconvéniens.

On doit regretter que jusqu'à ce jour l'Europe n'ait fait aucun progrès dans cette partie de la science agricole, et que l'Espagne et l'Italie nous offrent si peu de ressources pour nous livrer après elles à de nouveaux essais. L'empire monacal et superstitieux, qui étouffe le germe

---

(1) On connaît la fête qu'ils célèbrent annuellement en l'honneur de l'agriculture, et dans laquelle l'empereur trace lui-même avec la charrue les premiers sillons. Dans cette auguste cérémonie et pour lui donner plus d'éclat, l'état et la religion réunissent tout ce qu'il y a de plus élevé et de plus imposant.

Les anciens Grecs pratiquaient aussi des cérémonies religieuses et politiques en l'honneur de l'agriculture, qu'ils avaient divinisée sous tant de formes. L'ouvrage des *Fêtes et courtisanes de la Grèce*, ou *Supplément aux Voyages d'Anténor* et *d'Anacharsis*, tome II, page 356, édit. 1801 (à Paris, chez Buisson), donne un aperçu (au livre IV, *Mystères d'Éleusis*, scène 16e.) de la grandeur imposante de leurs fêtes. « Par cette pompe magnifique et sacrée, les » hommes reconnaissent que tout vient de l'agriculture, » qu'avec elle naquirent la propriété, la religion, les lois, » les empires. »

de toute industrie dans ces derniers pays; le peu de commerce et d'activité qu'ils ont comparativement aux autres Etats de l'Europe, doivent nous faire perdre tout espoir d'y trouver jamais, à cet égard, les ressources et les documens que leur position géographique devrait leur rendre si abondans et si faciles. L'Italie n'est plus au temps où elle portait, avec ses armes et ses conquêtes, les arts et la civilisation dans le reste sauvage de l'Europe. Son rôle est entièrement changé : étouffée sous l'obscurantisme d'une religion ombrageuse et superstitieuse, elle ne peut que regretter sa gloire passée.

Mais la France est-elle bien fondée à se plaindre de ce que l'Espagne et l'Italie nous offrent si peu de ressources et de documens à recueillir, par suite de l'introduction et des essais que ces États auraient déjà dû faire sur la culture d'un grand nombre de productions plus méridionales? Ne pourrait-elle pas aussi s'adresser les mêmes reproches? Illustrée par tant de genres de gloire, par ses sciences et ses arts si perfectionnés, ne peut-on pas lui reprocher aussi d'avoir trop négligé son agriculture? Certes, du côté d'une population nombreuse, active et laborieuse, rien ne lui manque; mais la science agricole a-t-elle fait chez elle les progrès qu'on avait droit d'attendre d'une nation aussi éclairée? Sa position géographique, par la Corse et la Provence, ne lui donne-t-elle pas à peu près les mêmes facilités qu'à l'Espagne et à l'Italie, pour s'y livrer aux essais de la *culture en grand* des productions plus méridionales? Tout nous reste donc à faire à cet égard, comme dans ces derniers royaumes. Il est temps que la France se mette à l'abri d'un pareil reproche, et qu'elle forme bientôt dans ce genre un établissement digne de sa gloire et de la haute protection qu'elle a toujours accordée aux sciences utiles.

Sans doute la France n'a pas cru nécessaire de créer un pareil établissement, ayant déjà des jardins botaniques, qu'elle a considérés comme suffisans pour remplir le même but; mais nous avons prouvé, dans le cours de cet ouvrage, que le genre de culture et d'étude suivi dans les jardins botaniques devenait au contraire un obstacle à ce que la science pût faire des progrès dans les essais de cultures en grand, et pût donner la moindre idée sur leurs résultats.

Aussitôt que la science aurait un semblable point d'appui (une ferme expérimentale pour les essais de *culture en grand*), qu'elle aurait pris cette nouvelle direction, nos relations habituelles et commerciales dans les différentes parties du globe nous donneraient toutes les facilités nécessaires pour nous procurer les premiers plants des productions dont on voudrait essayer la culture, et successivement et avec le temps on parviendrait à en réunir le plus grand nombre et les plus essentielles. D'un autre côté, les voyages scientifiques éclaireraient, par leurs renseignemens et leurs travaux, les points trop obscurs de la science et en faciliteraient les progrès; chacun paierait le tribut de ses lumières et apporterait les résultats de son expérience.

C'est dans ce but que nous avons déjà présenté, dans cet écrit, les observations et les réflexions qu'un séjour prolongé dans des pays lointains et dangereux nous a permis de faire. Nous croyons qu'il ne sera pas inutile, toujours en suivant la même intention, d'ajouter de nouveaux renseignemens sur le sol, la température de ces climats (les Antilles) et sur les cultures qui y sont pratiquées : c'est surtout en donnant une idée exacte de celles qui y ont été transportées de France, de leurs résultats et de leurs produits sous un climat si différent, que l'on pourra mettre à même le lecteur d'établir des points de comparaison, et d'avoir des idées plus précises et plus fixes sur un sujet aussi important que celui que nous traitons et qui mérite de fixer son attention.

Les Antilles ne présentent point, pour ainsi dire, de saisons ; une température chaude et constante, qui ne varie qu'entre 20 à 3o degrés de Réaumur, est celle qui y règne toute l'année jour et nuit. Il ne faut cependant pas croire que cette variation dans les degrés de chaleur, quelque peu d'étendue qu'elle ait, ne soit que très peu sensible dans le règne animal comme dans le règne végétal ; elle produit, au contraire, dans l'un et dans l'autre des effets très marqués.

Chez les individus, par exemple, cette température constamment chaude et humide y entretient une constitution débilitante, d'autant plus affaiblie qu'elle est occasionée par une transpiration considérable et perpétuelle. Par suite, la moindre variation dans les degrés de la température y est extrêmement sensible, et pour se préserver des dangers d'une transpiration facilement répercutée ou diminuée, on a soin de se couvrir habituellement de flanelle sur la peau (1).

---

(1) Cette méthode de gilets de flanelle sur la peau a été adoptée par le Gouvernement anglais, pour ses troupes qui sont dans l'Inde. Depuis leur usage, les mortalités et les

Il existe peu de pays où les rhumes, les ca-
tarrhes, les fluxions de poitrine, etc., soient si
fréquens et se prennent si facilement. On a vu
des créoles sortir au milieu de la nuit sans être
vêtus, ou seulement ouvrir imprudemment
leurs croisées, tomber morts subitement, par
l'effet extrêmement prompt de la répercussion
d'une transpiration active et abondante : le tissu
cellulaire étant très relâché et les pores continuellement ouverts occasionent ces effets, par
suite d'une température un peu refroidie, mais
qui dans nos climats nous paraîtrait encore bien
chaude. En un mot, on peut à peu près donner
une idée de ces effets, en supposant une personne qui dans nos pays sortirait, couverte de
sueur et sans précaution, d'une étuve, et vien-
drait à être immédiatement frappée par un air
extérieur, comparativement toujours très froid.

Les animaux domestiques y sont sujets aussi,

---

maladies y ont beaucoup diminué. Il serait à souhaiter
qu'une pareille méthode fût aussi suivie pour nos troupes
aux Antilles ; il n'est pas douteux qu'elle sauverait de la
mort une partie des soldats que nous y envoyons, et qui
succombent promptement et en grand nombre sous les influences insalubres d'un climat nouveau et dangereux pour
l'Européen.

plus que dans aucun autre pays, aux maladies qui proviennent de refroidissement ou répercussion de transpiration, et qui, comme on le sait, sont pour la plupart mortelles ou très dangereuses : aussi prend-on beaucoup de précautions pour les en préserver.

Quant au règne végétal, les tubes capillaires, les tissus fibreux, etc., qui entrent dans l'organisation des plantes, se trouvant toujours très dilatés, les moindres variations de température influent promptement sur le plus ou le moins d'activité de leur végétation.

Nous avons dit qu'il n'y a pas de saisons, du moins en ce sens qu'elles n'y sont pas à beaucoup près aussi marquées que dans nos climats. La verdure continuelle qui existe aux Antilles, ainsi que le changement des feuilles, qui se fait insensiblement et pour ainsi dire imperceptiblement, pourraient s'opposer, au premier aspect, à ce qu'on pût apercevoir facilement les nuances ou différences produites par le cours du soleil. Mais cependant pour celui qui fait un long séjour dans ces climats et qui veut observer attentivement, les saisons existent et produisent comme en Europe des effets réguliers et marqués.

Nous allons donner une idée aussi exacte qu'il nous sera possible de ces effets, et autant que nos remarques à cet égard nous ont mis à même de pouvoir les vérifier et les apprécier.

D'abord, les Antilles étant situées comme nous en deçà de l'équateur, les saisons doivent correspondre aux nôtres, et c'est ce qui a lieu en effet. Ainsi nous allons les parcourir, en commençant, comme pour nous, l'année au mois de janvier. A cette époque, janvier, février et mars, les rayons solaires, se rapprochant de la perpendiculaire, augmentent de force et d'activité; aussi est-ce ordinairement dans ces mois, qui sont les moins pluvieux de l'année, que se font les plantations des racines alimentaires du pays, surtout en février et mars, comme en France. Les arbres et les arbustes commencent à se pourvoir de nouvelles feuilles, et pour quelques uns, qui font exception et qui sont assez curieux, tels que les différentes espèces d'arbres qui rapportent le maubin (espèce de prune), l'acajou, etc., on les voit en janvier et février entièrement dépouillés de leurs feuilles et commencer à fleurir et former leurs fruits en mars, dont la maturité a lieu en mai et juin suivans; et ce n'est qu'à l'époque de cette maturité que les feuilles commencent à se développer dans cet arbre. Dans ces mois, février et mars, les arbustes précoces rapportent leurs fleurs. Plus tard, en avril, mai, juin,

les fruits précoces et à noyaux, tels que l'acajou, le mango, le cerisier, lequel ne ressemble
en rien au nôtre, etc., donnent leurs fruits en
état de maturité ; d'autres fruits plus tardifs se
cueillent successivement jusque et y compris
novembre, tels que notamment les oranges. Les
cafiers, les cotonniers, etc., entrent aussi en
fleurs depuis avril, et nouent leurs fruits en
juin, avant la saison des pluies, qui commence
en juillet. Cette dernière saison, appelée *l'hivernage*, et qui dure environ trois mois, commence exactement à la même époque que celle
que nous désignons en France par la *canicule*.
A cette époque, où les rayons solaires ont le
plus d'activité, les pluies, quoique chaudes,
mais trop fortes et trop fréquentes, détrem-
pent la terre, la refroidissent et produisent
une végétation trop hâtive, veule, et qui, selon
les expressions, file et pousse en herbe. Cette
saison, qui est la plus dangereuse et la plus
malsaine, surtout pour les Européens, finit en
octobre, époque à laquelle commencent les récoltes du cafier, du cacaotier, etc., ainsi que
des racines alimentaires qui ont été plantées
au printemps.

Cet ordre, pour les plantes cultivées, est ra-
rement interverti, et est le plus naturel comme
le plus favorable à la culture.

Il faut remarquer que, dans ces contrées, on ne connaît ni ne pratique la greffe, et que tous les fruits et les plantes alimentaires qui s'y récoltent ressemblent très peu aux nôtres. Nous avons désiré en donner une idée sommaire, ainsi que de son climat, avant de parler des plantes que nous avons tirées de la France et qui y sont actuellement cultivées. Toutes ne sont que des plantes potagères ou de jardinage, dont plusieurs y réussissent parfaitement; elles y sont d'une grande utilité et d'un grand agrément pour les habitans et surtout pour les Européens qui y sont habitués, et pour lesquels elles sont devenues un besoin. Mais il faut bien observer que la *culture en grand* d'aucune de nos espèces de fourrages, d'aucune de nos plantes légumineuses ou graminées n'a pas encore été introduite aux Antilles françaises. (Les Anglais, sous ce rapport comme sous beaucoup d'autres, sont plus avancés que nous.)

Il faut encore prévenir, avant d'entrer dans cette nomenclature, que la végétation, du moins pour toutes les plantes cultivées, y est généralement plus lente qu'en France, et que si l'on peut approximativement fixer une évaluation à ce degré de lenteur, on le mettra à un quart de temps de retard, c'est à dire qu'à une plante qui pourrait venir en six semaines en France, dans la saison la plus favorable et avec les autres élémens les plus avantageux, il faudrait aux Antilles, avec le concours de ces mêmes élémens, un espace de temps plus long, qui serait de deux mois.

Nous allons donner cette nomenclature.

Les radis ou petites raves y viennent mieux qu'en France et pendant toute l'année. Les raves et les navets réussissent assez bien, mais pas aussi facilement ni aussi abondamment qu'en France; la culture en est facile.

Le persil y réussit presque aussi facilement qu'en France; le céleri y croît un peu plus difficilement.

Les différentes espèces de laitues, de chicorées y réussissent presque aussi bien.

Les haricots verts ou tendres, dans les espèces de jardinages que nous cultivons en France, y réussissent aussi bien que dans ce dernier lieu.

Les petits-pois verts y viennent plus difficilement et ont toujours une assez grande valeur.

Les asperges y sont très recherchées et très estimées, et d'un prix toujours élevé. Leur culture, dans les terrains qui leur sont propres, ne demande guère plus de soin et d'engrais qu'en France.

L'artichaut réussit difficilement ; ses produits y sont d'une qualité et d'une grosseur médiocres. Le prix moyen d'un artichaut est de 2 fr.

Les carottes et surtout les betteraves y viennent difficilement, et leur prix est toujours élevé.

Les choux (milan et cabus), les seuls connus, sont d'une culture plus difficile qu'en France ; ils pomment difficilement et n'y acquièrent pas un aussi fort volume. Le prix moyen d'un chou pesant 1 ou 2 livres est de 50 centimes.

Le poireau ne grossit jamais comme en France ; il dégénère très vite, et rapporte alors beaucoup de rejetons qui altèrent sa végétation.

L'oignon ne peut pas y grossir, il dégénère de suite en cives ou ciboules ; ces dernières plantes viennent à peu près aussi facilement qu'en France, ainsi que l'oseille.

Nous terminerons ici cette nomenclature, car on cultive aux Antilles peu des autres légumes connus en France, mais bien encore quelques uns qui appartiennent particulièrement à ces contrées méridionales. Il y a quelques jardiniers européens qui font leur état de ces cultures, et qui ont les connaissances nécessaires pour les faire réussir autant que le

permettent le sol et le climat. Il n'est pas inutile d'observer que toutes ces plantes proviennent de leurs graines, tirées de France ou des
États-Unis, et dont on fait des envois considérables. Il serait impossible de pouvoir récolter
ces mêmes graines aux Antilles.

D'après cet aperçu de la culture de ces légumes, qui est aussi pratiquée en France, les
agriculteurs pourront établir quelques points
de comparaison, et se former une idée plus
juste du sol et du climat de ces pays éloignés.
Quant à nous, qui avons pu faire nos observations sur les lieux, et les comparer avec ce
qui existe en France, voici les conséquences
que nous en avons tirées.

Dès que ces plantes légumineuses, qui sont
généralement les plus délicates de notre sol,
ont pu réussir dans ces climats, pourquoi n'en
serait-il pas de même en rapportant chez nous
les plantes qu'ils produisent? La réussite en
serait bien plus certaine et bien plus facile
d'après ce principe, que les plantes, comme les
hommes, gagnent à être transportées d'un pays
chaud dans un autre qui l'est moins, et que
pour l'inverse le contraire a lieu. Sous un autre
rapport, les chances de succès seraient encore
plus fortes et plus probables; car les plantes
que nous rapporterions des Antilles ou des

autres latitudes méridionales sont des plantes *très robustes* et *telles que la nature les a produites;* elles ne sont point, comme les nôtres, dont nous avons parlé. ci-dessus, le résultat ou pour ainsi dire l'exubérance d'une culture long-temps soignée et perfectionnée. Nous prions le lecteur de réfléchir sur ces observations, il en sentira, comme nous, l'importance et nous pouvons dire la justesse.

A ce résumé, nous ajouterons encore de nouveaux faits non moins importans et non moins concluans que ceux que nous avons déjà présentés.

Le maïs, dont la culture est si connue et si suivie dans plusieurs provinces de la France, est peu cultivé aux Antilles : les navires marchands des États-Unis y en apportent de grandes quantités, qu'ils donnent à un prix si peu élevé que cette culture deviendrait plus onéreuse que profitable aux Colonies. Néanmoins, celui qu'on y cultive se sème au mois de mai comme en France ; sa végétation y est beaucoup moins vive et moins vigoureuse et ses produits moins abondans que dans nos provinces. Quant à la pomme de terre, sa culture y est encore beaucoup moins suivie que celle du maïs, et ses produits en sont si *faibles*, si *insignifians*, qu'il ne serait guère possible d'en donner une idée précise : aussi la culture en est extrêmement rare, et la grande consommation qui s'en fait provient du commerce du nord des États-Unis, qui les y apporte et les livre à un très bas prix.

On cultive encore le *grenadier* et le *figuier;* mais leurs produits y sont inférieurs en qualité et en quantité à ceux que nous fournit la Provence; enfin, la vigne (qui pourrait le croire ?) n'y donne que des produits peu abondans et qui parviennent difficilement à maturité. Sa végétation lente et continuelle, produite par une chaleur humide, ne lui permet pas de mûrir les raisins comme dans nos climats, où nos saisons sont bien marquées et où l'air a plus de ressort et d'élasticité : d'ailleurs, il manque à ces pays (les Antilles) les effets de l'*action alternative* d'un froid léger et de la chaleur solaire, dont la combinaison, telle qu'elle existe dans nos contrées, est un des plus puissans véhicules et un des moyens les plus assurés et les plus prompts pour amener les plantes et leurs productions à parfaite maturité; et en effet, aux Antilles, le raisin mûrit peu et inégalement, est d'une qualité inférieure, et cependant, tel qu'il est, se vend encore, prix moyen, plus de 3 fr. la livre.

On a beaucoup exagéré la fertilité de ces pays dans les descriptions erronées que l'on en a faites : on est parti de ce faux principe, que

la végétation, y étant *perpétuelle*, devait, à proportion et comparativement à la nôtre, qui est
interrompue chaque année, donner des produits
plus parfaits et plus abondans, tandis que le
contraire a généralement lieu; car une végétation continue, qui provient d'une *chaleur* et
d'une humidité constantes, mais surabondantes,
ne peut être qu'affaiblie et pour ainsi dire éner-
vée, affaiblissement qui d'ailleurs y a constamment lieu dans le règne végétal comme dans
le règne animal. Nous n'ajouterons plus rien
à ce que nous avons déjà dit dans cet écrit sur
ce sujet.

Cependant, si cette chaleur humide, trop
constante et trop long-temps prolongée, ne
convient pas généralement à la végétation et à
la réussite des produits de beaucoup de plantes,
la culture de la canne à sucre est celle qui en
souffre le moins : aussi cette plante, *la plus
robuste et la plus vivace de toutes celles cultivées*, peut se planter et se plante en effet, *pendant toute l'année*, sans distinction de mois ou
de saison. Sa récolte se fait également dans ces
climats presque pendant toute l'année, le plus
fort depuis le 1ᵉʳ. janvier jusqu'en juillet, et
n'est suspendue que pendant les trois mois de
l'hivernage, époque des ouragans et des coups
de vent. Aussi, pour cette culture, on est, toute

l'année sans exception, occupé à planter ou récolter ; ce qui n'a pas lieu pour toutes les autres cultures et récoltes, qui se font régulièrement dans leurs saisons.

Pour concevoir combien il serait facile de réussir en France dans la culture de la canne à sucre, il faut se pénétrer de cette vérité que nous ne saurions trop proclamer, que cette plante est *la plus vivace* et *la plus robuste* de toutes celles cultivées. Il faut aussi, d'après les motifs et les raisons que nous avons déjà fait connaître, être bien convaincu qu'elle parviendrait à maturité. Que l'on fasse attention qu'aux Antilles le raisin parvient plus difficilement à sa maturité qu'en France : on peut donc conclure de ce fait réuni à ceux que nous avons rapportés et à toutes nos autres observations, qu'il est de toute impossibilité qu'en France la canne à sucre ne puisse pas parcourir facilement les phases de sa végétation et y donner d'abondans produits.

Nous venions de terminer cet appendiec , lorsque nous avons lu un article extrait d'un traité sur la culture de la vigne, publié par M. le sénateur Cassebeer, qui confirme ce que nous avions avancé sur les effets produits par l'action alternative de la chaleur solaire et du froid sur la maturation des plantes. Cet article n'est sus-

ceptible d'aucun commentaire, et nous le rap-
porterons tel que nous l'avons trouvé inséré
dans le journal *le Temps,* en date du 4 août 1830,
dans sa partie intitulée *Agriculture;* le voici :

« *Autrefois* on redoutait les gelées d'automne
» sur le raisin ; aussi n'aimait-on pas à vendan-
» ger tard. *Maintenant,* comme on sait que
» *l'action alternative de la chaleur solaire et du*
» *froid* ne fait tomber que les grains non mûrs,
» et produit dans les autres, qui ne reçoivent
» *presque* plus de suc par leur pédoncule des-
» séché, une sorte de fermentation qui con-
» vertit en substance saccharine les matières
» mucilagineuses, on ne doit pas craindre les
» gelées de l'automne lorsque la saison est
» déjà avancée, et qu'on a mieux à espérer de
» la maturation subséquente des raisins que de
» la chute des baies vertes. »

Nous citerons encore, pour appuyer ce que
nous avons avancé dans ce traité, ce que le général Wavel rapporte dans la description qu'il
a donnée du Texas. Après avoir dit que le nord
de cette province peut être comparé, pour le
climat, au sud de la France, il parle des cultures
qui doivent y prospérer, et particulièrement de
celles du coton et de la canne à sucre. « Je dois
» remarquer ici, dit-il, que la culture du coton
» offre un grand avantage; les petits enfans, que

» leur âge rend incapables de s'occuper d'aucun
» travail, peuvent être employés à ramasser le
» coton, et à l'âge de neuf à dix ans ils font au-
» tant de besogne qu'une personne adulte.

» Toute sorte de grains croît admirablement
» dans ce pays fertile, et l'on croit que la canne
» à sucre *à côtes*, récemment apportée des îles
» Philippines, et qui *mûrit un mois plus tôt* que
» l'espèce ordinaire, y réussirait.» (Voyez *Nou-*
velles Annales des Voyages et des Sciences géo-
graphiques, 12ᵉ. année, pour les mois de juillet, août et septembre 1830, page 11.)

Le savant Humboldt calcule que l'Empire
russe tire de ses mines, par an, environ 5,117
kilog. d'or, et 17,908 kilog. d'argent, ou pour
une valeur annuelle de 22,077,900 fr., sans y
comprendre le platine et les diamans; et depuis
peu, en 1829, on a découvert dans ces mines de
nouvelles veines aurifères plus abondantes.
« L'Europe, dit-il, devrait se féliciter de chaque
» progrès que fait l'exploitation des mines d'or
» et d'argent dans l'ancien continent, puisqu'il
» se pourrait que tôt ou tard l'Amérique cessât
» d'alimenter la circulation de ces métaux, si
» nécessaires dans l'état actuel de la société hu-
» maine. En effet, il devient de jour en jour plus
» certain que les associations pour l'exploitation
» des mines de l'Amérique ne trouvent nulle-

» ment leur compte dans cette entreprise, etc.»
(Pages 111, 112 et 113 des mêmes *Annales*,
12ᵉ. année.)

Ce dernier passage nous prouve, comme nous
l'avions avancé, que sur les points et les faits les
plus importans de la plupart de nos connaissances, nous sommes remplis jusqu'à ce jour d'erreurs et de préjugés; car celui qui aurait osé
dire depuis peu et avant Humboldt, que la Russie possédait des mines d'or et d'argent plus
avantageuses que celles du Pérou, eût été re-
gardé comme le plus insensé et le plus ignorant
des écrivains; et cependant cet écrivain aurait
proclamé une vérité. Convenons, nous ne saurions trop le répéter, que les vérités hardies
nous blessent tellement dans nos idées, que nous
répugnons par cela même à les accueillir et à les
approfondir, et qu'il nous est bien plus facile de
les dédaigner et de les rejeter.

Le Temps, 13 *juillet* 1830. *Article* MÉLAN-
GES. — *Puits artésiens.* — *Diverses applications
de leurs eaux.*—Après avoir exposé que les
eaux fournies par les puits artésiens, lorsqu'ils
sont forés à une grande profondeur, étant
d'une température supérieure de quelques degrés à celle de la plupart des sources naturelles,
pourraient servir à alimenter, pendant l'hiver,

par suite de leur température, des cressonnières
dont les produits, aux environs des grandes
villes, seraient assez considérables (les cressonnières artificielles d'Erfurth donnent un re-
venu annuel de 295,000 fr.), cet article s'explique ainsi : « La chaleur constante des eaux
ascendantes peut recevoir une autre application
qui ne serait pas sans utilité ; ce serait de les
employer à maintenir une serre à une température toujours supérieure de quelques degrés
au terme de la congélation.—L'air est de toutes
les substances connues, l'hydrogène excepté,
celle qui exige le plus de calorique pour élever
sa température, et qui, par conséquent, en dégage le plus pendant son refroidissement. En
calculant d'après les capacités pour le calorique
et les pesanteurs spécifiques respectives de l'air
et de l'eau, on trouve qu'un mètre cube d'eau,
en se refroidissant d'un degré, dégage assez de
calorique pour élever aussi d'un degré la température, de 2,880 mètres cubes d'air. Il est
facile de concevoir, d'après cela, l'effet que doit
produire, dans une capacité close, un volume
d'eau de quelques mètres, renouvelé constamment par une source ascendante, dont la température est de 10 à 12 degrés de Réaumur, et
quelquefois plus élevée.

» On a parlé souvent de l'établissement d'un

jardin d'hiver à Paris. Les derniers perfection-
nemens introduits dans la construction des cou-
vertures en fer avec vitrages, lèvent une des
principales difficultés qui pouvaient s'opposer à
l'exécution d'un projet de ce genre ; mais il en
reste encore une qui n'est pas petite, c'est celle
de chauffer un si vaste espace, et la dépense que
nécessiterait ce chauffage. Un ou plusieurs puits
artésiens fournissant 4 à 500 mètres cubes d'eau
par vingt-quatre heures résoudraient cette
difficulté. Il suffirait de recevoir leurs eaux dans
un canal de 4 à 500 mètres carrés de surface,
pour que la température du jardin ne descendît
jamais au dessous de 6 à 7 degrés.

» Enfin, on pourrait encore utiliser le calorique des sources ascendantes, en les employant à
maintenir une température convenable pendant
les hivers les plus rigoureux, dans de vastes
ateliers de travail. Déjà on s'en sert dans le Wur-
temberg pour empêcher les roues hydrauliques
de se couvrir de glace. A cet effet, l'eau des
puits est portée au sommet de la périphérie de
la roue par un conduit qui la répand en filets
par une multitude de trous dont il est criblé.»

Imprimerie de Mme. Huzard (née Vallat la Chapelle),
Rue de l'Éperon, n°. 7.